Duden

Clever texten fürs Web

So bringen Sie Ihr Unternehmen zum Glänzen – auf Homepage, Blog und Social Media

Von Petra van Laak

Dudenverlag
Berlin

Bibliografische Information der Deutschen Nationalbibliothek
Die Deutsche Nationalbibliothek verzeichnet diese Publikation in der Deutschen Nationalbibliografie; detaillierte bibliografische Daten sind im Internet über http://dnb.dnb.de abrufbar.

Bibliographisches Institut GmbH, Mecklenburgische Straße 53, 14197 Berlin

Redaktionelle Leitung Susanne Klar
Herstellung Alfred Trinnes
Layout und Satz Britta Dieterle, Berlin
Illustrationen Jörg Metze, Berlin
Umschlaggestaltung 2issue, München
Umschlagabbildung © pixome/ Shutterstock.com
Druck und Bindung AZ Druck und Datentechnik GmbH, Heisinger Straße 16, 87437 Kempten

Printed in Germany

ISBN 978-3-411-75657-5
Auch als E-Book erhältlich unter: ISBN 978-3-411-91340-4

www.duden.de

PEFC
PEFC/04-31-2260

PEFC zertifiziert
Dieses Produkt stammt aus nachhaltig bewirtschafteten Wäldern und kontrollierten Quellen.

www.pefc.de

VORBEMERKUNG

Dieser Tatgeber erschien zuerst 2017. Das Web ist in stetem Wandel. So hat z. B. der Snapchat-Kanal an Bedeutung verloren, Instagram dagegen hat mächtig aufgeholt. Es lag nahe, für eine weitere Auflage von »Clever texten fürs Web« das Buch neu zu überarbeiten. Auch Sprache ändert sich. Gendersensible Formulierungen sind mittlerweile gang und gäbe – auch das haben wir in der Neuauflage berücksichtigt. Was sich nicht verändert, ist der Anspruch von Lesenden an gute, griffige und verständliche Texte. Deshalb gibt es diesen Tatgeber ja. Viel Vergnügen beim Schreiben!

Sofern keine Quelle angegeben ist, sind die Beispiele und Namen frei ersonnen. Die Storys »Aus der Agenturpraxis« speisen sich aus dem Erfahrungsschatz der Agentur Text: van Laak, sind jedoch alle gewissenhaft verfremdet. Wer sich trotzdem erkannt fühlt, möge sich unter Angabe der entsprechenden Buchseite bei der Autorin melden – diejenige Person bzw. das Unternehmen erhält ein signiertes Exemplar dieses Buches.

INHALT

AB INS WEB!

Mal eben einen Produkttext für die Website schreiben, einen Facebook-Post fürs Unternehmen verfassen, sich um den nächsten Newsletter kümmern – zahlreiche Kommunikationsaufgaben im Unternehmen haben heute mit Texten fürs Web zu tun. Aber einen fest angestellten Texter gibt es nicht, auch keine Social-Media-Managerin, geschweige denn Profis fürs Online-Marketing. Helfen wir uns eben selbst. Genau dafür ist dieses Buch gedacht. Und weil ich der Meinung bin, dass ein solches Buch praxistauglich sein muss, spreche ich hier nicht von einem Ratgeber, sondern von einem Tatgeber.

Wie Sie diesen Tatgeber nutzen

Jedes Kapitel steht für sich, sodass Sie nicht eines nach dem anderen lesen müssen – übrigens ein Leseverhalten, das dem der Nutzerin im Web entspricht. Unter der Rubrik »Linkliste« führe ich Links auf, die Ihrem Businessalltag als Einzelunternehmer, KMU, Selbstständige oder Existenzgründer am besten entsprechen. Nur selten werden Sie in den Linklisten aufwendig programmierte Webauftritte von Unternehmensgiganten finden.

In der Rubrik »Aus der Agenturpraxis« finden Sie kleine Geschichten aus dem Alltag der (kleinen) Kommunikationsagenturen. Wenn Sie von Story zu Story springen, bekommen Sie ein Gefühl für die Themen in diesem Buch.

Der Rest ist selbsterklärend: Es gibt jede Menge Beispiele. In den Tabellen finden Sie Besser-nicht-lieber-so-Varianten von Formulierungen aus allerlei Kontexten. Es gibt keine einheitliche Web-Sprache, jedoch Web-Konventionen. Mit diesen Konventionen mache ich Sie in diesem Buch vertraut.

Dabei gilt: Texte sind immer kontextabhängig. Logisch, dass wir hier immer von Gebrauchstexten sprechen und nicht von Literatur.

Wenn ich Regeln aufstelle, sind diese immer angreifbar. Wie überall gibt es auch im Bereich des Textens unterschiedliche Meinungen zum selben Sachverhalt. Dieses Buch speist sich aus dem Erfahrungswissen meiner Kommunikationsagentur. Hier steht das, was ich weiß und gelernt und erfahren habe.

Lesefreundlichkeit versus Suchmaschinentauglichkeit

Keine Sorge, dieses viel beschworene Dilemma ist nicht so groß, wie viele denken. Es kommt in erster Linie darauf an, dass die Texte richtig gut sind. Noch mal: dass die Texte richtig gut sind. Im Zweifelsfall schreiben Sie immer für die Leserin, nicht für irgendwelche Maschinen. Suchmaschinenoptimierung (SEO) ist wichtig, aber unterwerfen Sie sich ihr nicht beim Schreiben. Die Suchmaschinen sind (noch) schlauer geworden und belohnen gute Inhalte, also vergessen Sie die stressige Fixiertheit auf Keywords (Schlüsselwörter, Suchbegriffe). Viel höher ist die Ehrlichkeit eines Textes und seiner Inhalte zu bewerten. »Sie bzw. Ihr Unternehmen als Marke« – das schafft Vertrauen. Deswegen lege ich in diesem Buch den Schwerpunkt aufs webtaugliche Schreiben und nicht auf die einzelnen Web-Technologien. Dieser Tatgeber ist kein Buch über SEO oder Content-Marketing. Na gut, zwei Kapitel widme ich der Sache schon. Es ist spannender und einfacher, als Sie denken.

Das Web mit Texten besser machen

Die Möglichkeiten der digitalen Welt haben unsere Kommunikation verändert. Vieles wurde hektischer, kürzer, atemloser. Aber die Online-Kommunikation hat sich gewandelt. Userinnen verlangen selbstbewusst nach guten Inhalten und guten Texten. Und dieser Tatgeber wird Ihnen dabei helfen, anständige Sätze für Ihren jeweiligen digitalen Kanal zu formulieren und dazu beizutragen, mehr Qualität in die digitale Kommunikation zu bringen.
Schreiten wir also zur Tat!

Erquickliches Lesen wünscht Ihnen
Petra van Laak

Grundlagen fürs Schreiben

Viele Unternehmen schreiben für sich selbst (Wir sind so toll!) statt für ihre Zielgruppe (Das können Sie erwarten.).

Kapitel 1

Wer bin ich und für wen schreibe ich?

Sie hatten es doch nur gut gemeint. Die Führungsriege eines Elektrogeräte-Herstellers produziert ein Video, in dem sie den Kunden erklärt, wie fantastisch ihre Küchengeräte sind. Was später auf der Facebook-Seite des Unternehmens gepostet wird, sorgt für Lachsalven im Web. Anstatt den Kühlschrank, den Herd, den Backofen in einfachen Worten zu erklären, ist von »Consumer Centricity«, von »Remote-Diagnostic« und von »Storagemanagement« die Rede. Und mit diesen Zungenbrechern haben selbst die Frauen und Männer im Businessoutfit so ihre liebe Mühe. Wären wir als Verbraucher – nämlich die Zielgruppe des Videos – beim Dreh dabei gewesen, hätten wir empfohlen, die Dinge in unserer Alltagssprache auszudrücken und den Produkten Namen zu geben, die wir verstehen. Der Herd lässt sich aus der Ferne warten. Ist der Kühlschrank leer, gibt er ein Zeichen. Und so weiter. Wie kommt es nur, dass immer wieder an der Zielgruppe vorbeiformuliert wird?

WER BIN ICH?

Die Vorzüge des eigenen Unternehmens, die Besonderheit der angebotenen Produkte und Services, die Motivation – all das sollten Sie gut kennen, bevor Sie für Ihre Kundinnen lesefreundliche Texte verfassen.
Es gibt ein simples Schema, das die Markenspezialistin Alina Wheeler entwickelt hat: Sie stellt in ihrem lesenswerten Buch »Designing Brand Identity« vier schlichte Fragen, auf die Sie um Ihrer Kunden willen schlichte Antworten finden sollten (Wheeler, Seite 2).

1. Who are you? – Wer bist du?
2. Who needs to know? – Wer sollte das wissen?
3. Why should they care? – Warum sollte die das interessieren?
4. How will they find out? – Wie werden sie davon erfahren?

Beispiel Frau Gönül betreibt einen Pflegedienst. Sie beantwortet die vier Fragen so:

1. Wir sind ein Pflegedienst für Ältere und für Menschen mit chronischen Krankheiten.
2. Ältere Menschen, Kranke und deren Angehörige.
3. Wir sind ein mehrsprachiges, internationales Pflegeteam (deutsch, türkisch, arabisch, englisch, französisch) und kennen die jeweiligen kulturellen Hintergründe in den Haushalten aus eigener Erfahrung.
4. Wir haben eine Internetseite, sind in den gängigen Pflegedienstportalen gelistet und informieren direkt in den Stadtteilen über die Plattform nebenan.de und auf Kiezfesten.

Klare Antworten, einfache Worte, verständliche Formulierungen und kein »sensitive day care program« oder ähnlich vernebelnde Formulierungen.
In den Antworten steckt viel Material, mit dem Frau Gönül ihr Unternehmen vermarkten kann. Vielleicht ist es Ihnen aufgefallen:
»Wer bist du?« beantwortet die Frage nach dem Geschäftsmodell. »Wer sollte das wissen?« definiert die Zielgruppe. »Warum sollte die das interessieren?« benennt das Alleinstellungsmerkmal (USP, Unique Selling Proposition) und »Wie werden sie davon erfahren?« beschreibt die Kommunikationskanäle, durch die das Unternehmen nach außen auftritt.

Können Sie diese vier Fragen mit der gleichen Deutlichkeit für Ihr Unternehmen beantworten, dann haben Sie die perfekte Basis, um mit dem Schreiben loszulegen. (Sollten Sie zufällig Kühlschränke bauen, wissen Sie jetzt, dass ein Begriff wie »Storagemanagement« für Ihre Zielgruppe keine Freude ist.)

Links

Diese Unternehmen beantworten die Kernfragen nach Wheeler offen und klar – der Besucher dieser Seiten weiß, woran er ist.
Industrie-Dienstleister: asn-germany.com
Apotheke: alhorn-apotheken.de
Werbeagentur: wolffolins.com
Gemeinnützige Organisation: sea-watch.org
Mehr zu Alina Wheeler: designingbrandidentity.info

FÜR WEN SCHREIBE ICH?

Es gibt einige Modelle, mit denen Zielgruppen beschrieben und definiert werden. Vielleicht haben Sie schon einmal von der Zielgruppentypologie »Sinus-Milieus®« gehört oder von der »Limbic Map®«? Diese Einteilungen von Kunden in unterschiedliche Typen sind spannend – können aber auch verwirren. Für manche kleinere Unternehmen sind sie eine Nummer zu groß. Deswegen empfehle ich einen pragmatischen Ansatz: Sie schreiben entweder für Menschen, die stärker auf Daten und Fakten ansprechen (die Faktenhungrigen); dies ist natürlich im Kontext Ihres Angebots zu sehen. Oder Sie schreiben für Menschen, die Sie mit Ihren Produkten und Services auf der emotionalen Schiene besser erreichen (die Gefühlsbetonten). Diejenigen, die in keine der beiden Kategorien passen, bilden den Rest. Für diese schreiben Sie natürlich auch, konzentrieren sich jedoch beim Verfassen von Texten stärker auf eine der beiden definierten Zielgruppen.
Eine Einteilung in verschiedene Gruppen bringt (bewusst!) Schubladendenken mit sich. Wir brauchen das an dieser Stelle, um ein Gefühl für die einzelnen Zielgruppen entwickeln zu können. Diversität ist bedeutsam und nötig – beim internen Schärfen der Kundenprofile darf jedoch mit Klischees gearbeitet werden.

ZIELGRUPPEN UND IHR PROFIL

Zielgruppe	Profil
Faktenhungrige	lesen Stiftung Warentest, fahren ein Auto mit gutem Preis-Leistungs-Verhältnis
Traditionsbewusste	lesen die Frankfurter Allgemeine Zeitung, fahren eine deutsche Automarke
Gefühlsbetonte	lesen das Landlust-Magazin, fahren einen Oldtimer oder Mini
Innovationsbegeisterte	lesen Business-Punk, fahren ein Elektroauto
Konsum-Immune	lesen Spiegel Online, nutzen Carsharing oder fahren eine Schrottschüssel
Alltagspraktiker	lesen die regionale Zeitung, fahren ein Nutzfahrzeug oder ein Auto, in das mehrere Personen reinpassen und mit dem man etwas transportieren kann
Ahnungslose	hören Radio, fahren den erstbesten Gebrauchten

Sparen Sie sich die feinen Verästelungen der Zielgruppenbestimmung und konzentrieren Sie sich beim Schreiben auf die beiden Hauptgruppen »faktenhungrig« und »gefühlsbetont«. Erstens erreichen Sie damit bereits den Großteil Ihrer Leserinnen und zweitens lenkt Sie dieser einfache, praxistaugliche Ansatz nicht vom Formulieren ab. Im Folgenden wird – grob gesprochen – gezeigt, wie Texte für die beiden Zielgruppen grundsätzlich beschaffen sein sollten.

Links

Hier finden Sie komplexe Zielgruppentypologien:
Limbic®-Ansatz: haeusel.com/limbic/
Sinus-Milieus®: sinus-institut.de

Was brauchen die Faktenhungrigen?

Für die Faktenhungrigen steht die Information im Vordergrund. Sie erreichen sie am besten mit Zahlen und Daten und relevanten Details und einem sachlichen Sprachstil. Ausgedehnte Beschreibungen lenken aus ihrer Sicht nur vom Inhalt – den Fakten – ab. Verzichten Sie auf blumige Beschreibungen, aber sprechen Sie ruhig alle Wahrnehmungssysteme des Lesers an (↗ Kapitel 3).

Beispiel Frau Johnson handelt mit Materialien für den Tiefbau. Ihre Zielgruppe: Bauleiterinnen, Architekten, Bauträgerinnen, kommunale Bauämter. Frau Johnson sieht diese Menschen in Bezug auf Baumaterialien in der Gruppe der Faktenhungrigen. Sie schreibt einen Text für die Startseite ihrer Unternehmenswebsite:

Betonrohre für den Tiefbau, Durchmesser von 5 bis 300 cm, bewehrt und unbewehrt. Fragen Sie die Tiefbau-Profis von unserer Hotline, welche Rohrform und Belastungsklasse sich am besten für Ihr Vorhaben eignen. Alle Produkte entsprechen den DIN-Normen.

Frau Johnson hat alle entscheidenden Fakten untergebracht. Sie hat darauf geachtet, die Sie-Perspektive zu nutzen (↗ Seite 131). Natürlich kann man auch über Betonrohre ins Schwärmen geraten – aber nicht auf der Startseite der Unternehmenswebsite, sondern lieber in einer Imagebroschüre.

Was brauchen die Gefühlsbetonten?

Für die Gefühlsbetonten steht das Erlebnis im Vordergrund. Fakten dürfen Sie dieser Gruppe selbstverständlich nicht vorenthalten, jedoch sollten diese in einem Ambiente präsentiert werden, das eine Stimmung beim Leser erzeugt. Die Vorstellungskraft darf und soll angeregt werden, damit Bilder im Kopf entstehen, die emotional besetzt sind.

Beispiel Frau Egger vertreibt Gartenskulpturen aus Marmor. Sie schätzt ihre Zielgruppe als gefühlsbetont ein. Sie verfasst einen Artikel für ihren neuen Blog »Gartenträume«:

Michelangelos Skulpturen in Ihrem Garten
Hinter den blühenden Buschrosen blitzt der weiße Marmor hervor, an dem edlen Profil des jungen Mannes kann man sich gar nicht sattsehen. Familie Sedlmayr hat sich den »David« geleistet, eine Gartenskulptur aus dem Hause Egger. Dabei war es nicht einmal eine große Anschaffung: Nur 199 € kostet eine in Italien gefertigte Original-Gartenskulptur …

Frau Egger hat Wörter benutzt, die das Kopfkino anwerfen: Gartenträume, Michelangelo, blühende Buschrosen, blitzt hervor, edles Profil usw. Damit erreicht sie die Gefühlsbetonten – und als kluge Geschäftsfrau platziert sie die Fakten gleich im Anschluss: Was kostet das, wo wird es hergestellt? Soso, Familie Sedlmayr kann sich das leisten – ich kann es demnach wohl auch?!

Links

Schauen Sie sich diese Webauftritte an und entscheiden Sie selbst, welche vor allem die Faktenhungrigen und welche die Gefühlsbetonten ansprechen.
Kosmetikinstitut: beautyspace.ch
Online-Shop: miteckenundkanten.com
Setbau: kaluza-schmid.de
Autopflege: liqui-moly.eu
Und zu guter Letzt ein gelungener Mix aus beidem, faktenhungrig und gefühlsbetont: hgc.ch/de/987/Baumaterial.htm

Meine kluge Kundin

Viele Unternehmen schreiben für sich selbst (Wir sind so toll!) statt für ihre Zielgruppe (Das können Sie erwarten.). Seien Sie einfühlsam: Stellen Sie sich Ihren Kunden als eine Ihnen gegenübersitzende Person vor. Sprechen Sie zu dieser Person in Ihrer ganz natürlichen Alltagssprache – diese Haltung wird Ihre Kundin als authentisch wahrnehmen.
Konzentrieren Sie sich auf den Leser, der ohnehin immer klüger ist, als Sie denken. Stellen Sie nicht Ihr fantastisches Unternehmen, das Angebot oder das Produkt in den Mittelpunkt. Wenn Sie dieses Grundprinzip beherzigen, brauchen Sie die meisten in diesem Buch aufgeführten »Lieber nicht/

Besser so«-Tabellen gar nicht zu studieren. Im Folgenden finden Sie zwei Produktbeschreibungen einer schicken Brotschneidemaschine auf Facebook.

Lieber nicht (Wir-sind-so-toll-Perspektive)	**Besser so (Das-können-Sie-erwarten-Perspektive)**
Unser nutzerfreundliches Design ermöglicht ein sicheres Schneiden des Brotes. Unser Ingenieur-Team hat sich für beständiges Material entschieden, das wir in unseren Laboren gewissenhaft auf Lebensmitteltauglichkeit getestet haben.	Mit dieser Maschine kann nichts passieren. Selbst Kinder können damit absolut sicher Brot schneiden. Und Sie haben lange etwas davon – Emaille und Gusseisen sind eine unschlagbare Kombi, von der noch Ihre Urenkel etwas haben werden.

Tipp **Leserinnen direkt ansprechen**

Stellen Sie sich vor, dass Ihnen Ihr Leser gegenübersteht und sprechen Sie ihn direkt an. So vermeiden Sie die typischen Wir-Sätze. Ersetzen Sie in bereits existierenden Texten konsequent jede Formulierung mit »wir« oder »ich« durch eine Konstruktion mit »Sie können« oder »das unterstützt Sie bei« usw. (↗ Kapitel 3).

WIE FANGE ICH AN?

Selten liegt ein Thema säuberlich ausgebreitet vor Ihnen, und Sie brauchen nur noch alles runterzuschreiben. Es ist fast immer ein Prozess des Werdens. Am Anfang steht ein Chaos aus Ideen, Versatzstücken, Splittern und erst allmählich entsteht so etwas wie eine grobe Fahrtrichtung. Das ist völlig normal. Strukturieren ist das oberste Gebot. Definieren Sie Ihre Kernaussagen mithilfe der vier Fragen von Alina Wheeler. Schreiben Sie zu jeder Frage einen Satz als Antwort. Ist dieser für Sie stimmig, formulieren Sie weiter aus.
Bei großen Textvorhaben bietet es sich an, zunächst ein Textkonzept zu erstellen. Darin legen Sie die einzelnen Themen fest und ein Prinzip, nach dem die Texte aufgebaut werden sollen. Sie definieren z. B., wie Überschriften beschaffen sein sollten. Für ein die gesamte Sprache des Unternehmens umfassendes Konzept lohnt es sich, das Thema Corporate Language (Unternehmenssprache) anzugehen (↗ Kapitel 19).

Beispiel Herr Baranow ist Inhaber einer vor sieben Jahren eröffneten Textilreinigung. Eine Unternehmenswebsite gab es bisher nicht. Das möchte er endlich ändern, denn seine Nichtsichtbarkeit im Web macht sich nun bemerkbar. Zwei Straßen weiter hat eine chemische Reinigung eröffnet, die ihm die Kunden unter anderem durch einen lauten, sehr werblichen Auftritt im Web abzieht.

Herr Baranow bietet 14 verschiedene Services an, darunter Bügeln von Hemden von Hand, Lederreinigung, Änderungsschneiderei und einen Wäsche-Lieferservice. Alle sollen auf der Website kurz beschrieben werden. Aber wie? Zuerst heißt es: Struktur in die Sache bringen. Herr Baranow teilt die 14 Services in drei Hauptkategorien ein: »Klassische Textilreinigung«, »Besondere Materialien«, »Extras für Verwöhnte« (letzteren Begriff verwendet er selbstverständlich nur intern). Jede Kategorie versieht er mit einer eigenen Farbe (im Agenturjargon: Herr Baranow arbeitet mit einer Farbcodierung). Die Textilreinigungsklassiker umfassen die Reinigung von Hosen, Anzügen, Röcken usw., Heiß- und Kaltmangel. Zielgruppe: die Faktenhungrigen. In die Kategorie »Besondere Materialien« fallen feine

Textilien wie Kaschmir und Seide und die Brautkleid-, Leder-, Teppich- und Polsterreinigung. Zielgruppe: ein Mix aus faktenhungrig und gefühlsbetont (Brautkleid!). Mit den Extras sind die angeschlossene Änderungsschneiderei, die Abendgarderobe zum Ausleihen und der Lieferservice gemeint. Zielgruppe: Tendenz zu gefühlsbetont.

Nun erstellt Herr Baranow ein kleines Textkonzept: Er entscheidet sich für eine freundlich-formelle Ansprache für alle Kundinnen auf seiner Startseite. Für den Menüpunkt »Klassische Textilreinigung« sieht er einen eher faktenlastigen Text vor. Für den Punkt »Besondere Materialien« formuliert er etwas emotionaler, schließlich geht es um die Lieblingsstücke seiner Kunden (das sündhaft teure Sakko, das Brautkleid aus Taft, die heißgeliebte Biker-Jacke, der handgeknüpfte Seidenteppich usw.). Herr Baranow nimmt zu diesem Menüpunkt noch Pflegetipps und kurze Textstücke zur Warenkunde auf, um die Faktenhungrigen zu bedienen. Den Menüpunkt mit den Extras für Verwöhnte betitelt er nach reiflicher Überlegung mit »Bezahlbare Extras«. Er möchte jedes Extra mit einer kleinen Geschichte vorstellen (gefühlsbetont) und in einem gesonderten Kasten die Fakten dazu aufzählen (Preis, Ablauf, Zeitschiene etc.). Mit dieser klaren Struktur kann er sich nun ans Schreiben machen, ohne Gefahr zu laufen, an seiner Zielgruppe vorbeizutexten.

Benutzen Sie Hilfsmittel wie Karteikarten, bunte Stifte, verschiedene Boxen etc., um Ihre Aussagen weiter zu verfeinern. Schreiben Sie z. B. verschiedene Aussagen über Ihre Produkte auf einzelne Karten. Legen Sie diese vor sich auf einen Tisch und entdecken Sie durch Hin-und-her-Schieben, wie Sie Produkte oder Themen zusammenfassen oder Oberbegriffen zuordnen können. Oft lassen sich komplexe Themen mit einer solch erfrischend analogen Arbeitsweise besser bewältigen als durch reines Nachdenken oder unsortiertes Drauflosschreiben.
Was die einzelnen Inhalte angeht, so ist es entscheidend zu wissen, für welchen Kanal Sie schreiben, denn jeder Kommunikationskanal verlangt nach unterschiedlichen Inhalten, im Web spricht man von »Content«. Wenn Sie bereits wissen, welchen Kanal oder welche Kanäle Sie bespielen möchten, können Sie ab Seite 94 weiterlesen. Wobei ich Ihnen ans Herz lege, sich bei Gelegenheit auch mit den Kapiteln 2 und 3 zu befassen.

Aus der Agenturpraxis

Wir sollen einen Claim, einen Slogan entwickeln. Der Auftraggeber kommt aus der Industrie. Wir haben seine Zielgruppe als faktenhungrig und innovationsbegeistert definiert. Seit einem halben Jahr räumt die neue Marketingchefin Frau Bertram auf. Jetzt muss auch der alte Claim dran glauben. »Druckluftaufbereitung aus Filtern, Reglern und Ölern« – sperriger geht's nicht, und eine Affinität zu innovativen Technologien ist dieser Aussage nicht anzumerken. Dabei sind doch die Innovationsbegeisterten eine der wichtigsten Zielgruppen des Unternehmens.

Mein Publikum im Konferenzraum des Auftraggebers sieht nicht so aus, als könne ich bei ihm Emotionen auslösen. Uns sitzen die Produktentwicklerin Frau Heudinger und vier weitere norddeutsche Technologie-Spezialisten gegenüber. Ihnen müssen wir den neuen Claim präsentieren.

Wir haben in den letzten vier Wochen die Markenwerte des Herstellers analysiert. Dabei stellte sich heraus, dass das Unternehmen mit sehr kleinen, robusten Geräten auf dem Markt punktet – interessant für die Faktenhungrigen. Zudem bieten die Geräte einen sehr hohen Durchfluss, obwohl sie wenig Platz einnehmen – wichtig für die Innovationsbegeisterten. Die Kombination aus Größe und Leistung ist ein echtes Alleinstellungsmerkmal, das im alten Claim noch nicht einmal ansatzweise zu finden ist.

Ich entfache ein Präsentationsfeuerwerk, das in den sechs an die Leinwand geworfenen Wörtern gipfelt: »Alles am Platz. Alles im Fluss.« – Keine Reaktion.

Frau Bertram hat den Claim vorab gesehen und längst abgesegnet. Die Produktleiterinnen müssen ihn natürlich auch gut finden. Tun sie aber nicht. Sie zucken mit den Schultern. Wir ziehen wieder ab.

»Kapier ich nich«, sagt Miriam, unsere Junior-Texterin, auf der Rückfahrt in die Agentur. »Wir haben die USP berücksichtigt, Spannung aufgebaut, einen emotionalen Ansatz im Duktus der gesprochenen Sprache. Verdammich! Der Wurm muss doch dem Fisch …?«

Um es kurz zu machen: Wir bekommen den Claim nicht durch. Ein letztes Telefonat mit Frau Bertram: »Moin, Moin, Frau Bertram, wer hat sich eigentlich letztendlich dagegengestellt?«

Frau Bertram holt tief Luft: »Heudinger. Es bleibt beim alten Claim. Die Zielgruppe ist ihr egal, und ich weiß jetzt auch, warum. Hat mir die Pförtnerin gesteckt. Sie hat den Claim selbst entworfen. Vor 14 Jahren.«

Kapitel 2

Basisregeln für gute Texte

Wie finden Sie das hier: »Unsere Experten bieten Ihnen maßgeschneiderte Lösungen.« Und dies: »Wir sichern Ihnen die Realisierung der passgenauen Konzepte innerhalb des zwischen uns besprochenen Zeitraums zu.« Oder: »Unsere kompetenten Ansprechpartner sind stets für Sie da.« – Das haben Sie alles schon mal gelesen oder gehört? Kein Wunder, denn unzählige Unternehmen bedienen sich dieser floskelhaften Sprache. Weil sie es nicht besser wissen oder weil sie sich sicherer fühlen, wenn sie sich hinter solchem Texteinerlei verstecken können.

Ich kenne niemanden, der sich von Formulierungen wie »maßgeschneiderte Lösungen« im Inneren angesprochen fühlt – jeder weiß zwar, was gemeint ist, aber überzeugend klingt das nicht. Was tun? Ein paar simple Grundregeln anwenden – mehr nicht. Sie können sie sich schnell aneignen, versprochen.

EINFACH IST SCHÖN

Schon seit einigen Jahren wird zur Verständlichkeit von Texten geforscht. Verschiedene Modelle wurden dazu entwickelt, eines der bekanntesten ist das Hamburger Verständlichkeitsmodell. Es definiert vier Kriterien, die Texte verständlich machen: Sie müssen einfach, gut gegliedert und kurz und am besten noch abwechslungsreich sein. So schreiben können Sie auch!
Hinweis: In diesem Buch benutzen wir die Bezeichnungen verständlich, lesefreundlich und lesbar als Synonyme. Und weil uns das Adjektiv »lesefreundlich« am besten gefällt, werden Sie diesem Wort häufiger begegnen als den beiden anderen.
Was macht nun lesefreundliche Texte aus?

Beispiel Stellen Sie sich einen Plausch am Gartenzaun vor. Die Nachbarin will etwas über Ihren Job in der Manufaktur von Winddrachen wissen.
»Wie viele Leute seid ihr eigentlich? Kommt ihr gut miteinander klar?«
»Wir sind ein kompetentes Team, das sich deines Anliegens sofort annimmt und maßgeschneiderte Lösungen findet.«

Würden Sie Ihrer Nachbarin so antworten? Wohl nicht. Sie würden es eher so sagen: »Wir sind zu fünft, alle gut im Thema drin. Wir sind alle auf etwas anderes spezialisiert. Wenn der Kunde etwas Ausgefallenes will, bauen wir ihm das genau so, wie er das haben will.«

Die zweite Variante ist verständlicher, denn sie hat den Duktus der gesprochenen Sprache. Das ist nie verkehrt: Schreiben Sie, wie Sie sprechen! Schnappen Sie sich eine Kollegin, einen Freund, Ihre Eltern und erzählen Sie, was Sie tun. Nehmen Sie sich selbst auf – mit dem Smartphone ist das ja kein Problem. Sie werden staunen, wie wenige Änderungen nötig sind, wenn Sie den gesprochenen Text aufgeschrieben haben und ihn für Ihren Unternehmensauftritt verwenden möchten. Natürlich lässt sich diese Technik nicht immer anwenden, und es kommt auch auf die Branche an. Ein Jurist wird sich weniger am Duktus der gesprochenen Sprache orientieren können als eine Barbesitzerin. Auch die Kategorie der Texte lässt nicht immer den Duktus der gesprochenen Sprache zu. Was auf der

Facebook-Seite eines Unternehmens gut funktioniert, könnte auf der offiziellen Website zu salopp wirken. Dennoch: Nehmen Sie die Erkenntnis »Gesprochene Sprache ist leichter verständlich« als Leitschnur – so erliegen Sie nicht so schnell der Versuchung, die folgenden Textregeln zu vergessen.

KURZ IST GUT

Treffen Sie pro Satz eine Aussage. (Dasselbe gilt für E-Mails. Bei uns in der Agentur heißt es »PMET« = pro Mail ein Thema, ↗ Kapitel 15.) Und arbeiten Sie vor allem mit Hauptsätzen. Hin und wieder ein Nebensatz kann nicht schaden, aber sehen Sie von komplizierten Satzkonstruktionen ab. Obacht bei diesen Wörtern: weil, um, obwohl, dass, wenn, um – sie leiten Nebensätze ein. Machen Sie einen Suchlauf in Ihrem Textdokument: Werden Ihnen viele solcher Wörter angezeigt, ist dies ein Indiz dafür, dass Sie gerne längere Sätze bilden. Sollten Sie sehr lange Sätze entdecken, können Sie sie meist zerschneiden und zwei oder gar drei daraus bilden. Folgen Sie jedoch auch dieser Empfehlung nicht sklavisch. Es gibt immer – immer! – gut funktionierende Ausnahmen.

Lieber nicht	**Besser so**
Der Ablauf, der von unserer Produktionsleiterin geprüft wurde und den sie bestätigt hat, ist nun in ihrem Protokoll festgehalten, das allen, die an der Besprechung teilgenommen haben, zur Verfügung gestellt wird.	Unsere Produktionsleiterin hat den Ablauf bestätigt und im Protokoll festgehalten. Das Protokoll schicken wir allen Teilnehmenden der Besprechung zu.

Tipp Kurze Wörter verwenden

Wie kurze Sätze sind auch kurze Wörter kleine Statements. Sie überfordern und ermüden den Leser nicht. Wo sich lange Wörter nicht vermeiden lassen, können Sie häufig durch einen Bindestrich für größere Lesefreundlichkeit sorgen. Gemeindegrundsteuerveranlagung → Gemeindegrundsteuer-Veranlagung oder Veranlagung zur Gemeindegrundsteuer.

WEITERE BASISREGELN

Manchmal lesen Sie einen Text und merken: Etwas stimmt nicht. Manchmal reicht es, sich ein paar einfache Regeln vor Augen zu halten und mit ihrer Hilfe das Geschriebene noch einmal durchzugehen und zu verbessern. Sie werden sehen: Es liegen Welten dazwischen.

Bitte kein Nominalstil

»Zur Berücksichtigung der gerechten Verteilung der verschiedenen Proben an einzelne Abteilungen wurde ein Beschluss gefasst, die zukünftige Zuteilung unter die Beobachtung des Leitungsteams zu stellen.« Brrrr – das liest sich ja furchtbar. Schuld an unserem Unbehagen sind die vielen Nomen. Für fast jedes Nomen lässt sich hier ein Verb finden. Dann liest es sich gleich viel besser: »Zukünftig verteilen wir die Proben gerechter. Das Leitungsteam achtet darauf, dass alle Abteilungen die gleiche Anzahl erhalten.«

Warum lesen wir den überarbeiteten Satz lieber? Wir denken und sprechen in Verben, das Handeln ist unsere Wirklichkeit. Wir können nicht nichts tun. Immerzu passiert irgendetwas. Verben entsprechen viel stärker unserer gelebten Realität. Nomen wirken wie Blockaden in Sätzen, die Sprache kann nicht drumherum fließen. Die typische Verwaltungssprache ist voller Nomen – und diese Texte wirken meist sperrig und distanziert auf die Leserin.

Tipp **Nominalisierungen vermeiden**

Seien Sie wachsam, wenn Sie Wörter mit -ung, -heit, -keit im Text entdecken. Meist sind das unnötige Nomen oder gar Nominalisierungen, d.h. ein Verb wurde zum Nomen umgeformt. Versuchen Sie sie zu vermeiden. Manchmal muss man dafür den ganzen Satz umwerfen. Aber es lohnt sich!

Gepanzerte, geschwätzige und schläfrige Wörter

Es gibt sie überall, und meistens schleichen sie sich unbemerkt in unsere Texte, obwohl wir doch so gut aufpassen! In der Agentur haben wir ihnen einen Namen gegeben: die gepanzerten, geschwätzigen und schläfrigen Wörter. Die gepanzerten Wörter bilden Formulierungen wie »unter Zuhilfenahme von«, die geschwätzigen Wörter bestehen aus überflüssigen Doppelungen, meist Floskeln, und die schläfrigen Wörter sind Füllwörter. Alle drei Sorten brauchen wir nicht! Aber es ist nicht so leicht, sie loszuwerden.
Manche Wörter sind durchaus Kandidaten für zwei Kategorien. Hier eine Auswahl unserer kleinen Lieblinge:

GEPANZERTE WÖRTER

Lieber nicht	Besser so
insistieren	bestehen auf
Wir terminieren das auf …	Das ist unser Terminvorschlag:
Wir führen die Abnahme durch.	Wir nehmen ab.
Sie kennt sich im Bereich von Statistik gut aus.	Sie kennt sich gut mit Statistik aus.
unter Zuhilfenahme von …	mit …
unter Berücksichtigung von …	Achten Sie auf … / Mit xy …
umgehend	sofort, schnell

GESCHWÄTZIGE WÖRTER

Lieber nicht	Besser so
Alternativmöglichkeiten	Möglichkeiten ODER Alternativen
neu überarbeitet	überarbeitet
Telefonanruf	Anruf, Telefonat
abklären	klären
verschiedene Variationen von	Variationen von
persönlicher Freund	Freund, befreundet
Kochbereich	Küche
Immobilienbereich	Immobilienbranche
Kassenbereich	an der Kasse

SCHLÄFRIGE WÖRTER

Lieber nicht	Besser so
aus diesen Gründen	daher
in Anbetracht dieser Umstände	daher
schon	wenn es der Kontext erlaubt: weglassen
irgendwie	weglassen
dann	weglassen
aktuell	weglassen

Generell gilt: Verwenden Sie nicht das erste Wort, das Ihnen einfällt (meist sind wir nämlich an Floskeln gewöhnt), sondern suchen Sie ein Wort, das anschaulich ist und einem Unwissenden, einer Besucherin, einem Fremden den Inhalt plausibel macht.

ALTERNATIVEN ZU DEN TYPISCHEN MARKETING-FLOSKELN

Lieber nicht	Besser so
kompetente Ansprechpartnerin	Die Beraterinnen/Technikerinnen usw. kennen sich gut aus / wissen, wovon sie sprechen / haben jahrelange Erfahrung.
maßgeschneiderte Lösungen	Lösungen, die tatsächlich funktionieren / die zu Ihnen passen / über die wir uns lange Gedanken gemacht haben / die wir genau für Ihr Anliegen erarbeiten
schnelle Erledigung Ihrer Wünsche	Wir sorgen dafür, dass Ihr Wunsch zügig bearbeitet wird / dass Sie nicht lange warten müssen / dass wir die Lieferzeiten so kurz wie möglich halten.
eingehen auf Ihre individuellen Ansprüche	Sie sagen uns, was Sie brauchen, wir hören genau zu und gestalten gemeinsam das Projekt.

Beispiel 1 Ein Anbieter von Kochkursen wirbt mit diesem Text in Kombination mit dem Foto einer schön gedeckten Tafel: »Bardieren, legieren, montieren, tranchieren – oder einfach richtig gut kochen.« Hier wird ganz bewusst eine Reihe kaum noch verständlicher Fremdwörter in einen heiteren Gegensatz zu einer Formulierung im Duktus der gesprochenen Sprache gestellt: »richtig gut kochen«. Der Texter entlarvt hier augenzwinkernd die Manie mancher Menschen, sich gepanzerter Wörter zu bedienen. Dabei kann man es doch so schön ungekünstelt ausdrücken. (Quelle: Kösters Wohnkultur)

Beispiel 2 Ein Schweizer Kosmetikstudio schreibt kurz und bündig auf seiner Startseite, worum es geht: »Urbanes New York Feeling mitten in Zürich und Winterthur. Einzig echte Walk-in Studios – ganz ohne Termine. Faire Preise, schneller Service, hohe Qualität. Für Nails, Haarentfernung, Wimpern & Brauen, Bräunungsdusche, Massage und Gesichtsbehandlung. Prosecco, Kaffee und Snacks inklusive.« Als Leser erfahre ich hier alles Wichtige auf einen Schlag. Die Texterin hat sich nicht mit komplizierten Satzkonstruktionen aufgehalten.

Tipp **Impressum und Datenschutz**

Vergessen Sie nicht die Texte zum Datenschutz, das Impressum und Ihre AGB. Auch solche Texte in störrischem Juristendeutsch lassen sich schöner und klarer formulieren, ohne dass sie dabei ihre Gültigkeit einbüßen müssen. Lassen Sie sie aber auf jeden Fall am Schluss von einem Juristen gegenlesen (↗ Kapitel 8).

Links

Hier wird erfrischend bürgernah und lesefreundlich getextet:
Einrichtungshaus: koesters-wohnkultur.de
Gesundheitsplattform: netdoktor.de
Zum Bewusstmachen der kursierenden gepanzerten, schläfrigen und geschwätzigen Wörter:
floskelwolke.de

Positiv formulieren

»Die Frequenz ist nicht so schwach, als dass sie keine geeignete Reichweite herstellen könnte.« Eine doppelte Verneinung mag zwar am Ende etwas Positives bedeuten, muss aber im Kopf der Lesenden erst einmal entwirrt werden. Warum nicht so: »Die Frequenz ist stark genug, um die geeignete Reichweite herzustellen.« Auch in der Agentur ertappen wir uns immer wieder dabei, dass wir mit umständlichen, negativen Formulierungen arbeiten. Vorsicht bei solchen Wörtern:

Lieber nicht	**Besser so**
nicht beachtet	vergessen
nicht stark genug	schwach
nicht viele	wenige
nicht dasselbe	anders
nicht aufmerksam	abgelenkt
etwas nicht tun	das und das tun

Sie merken schon: Der Wortschatz wird reicher, wenn wir die so naheliegenden Verneinungen aufgeben und stattdessen ein positives Wort verwenden. Außerdem hat das Negative, auch wenn es verneint wird, eine Wirkung auf den Leser. Drücken Sie aus, was an Ihrem Produkt oder Ihrem Service gut ist, und nicht, was nicht schlecht ist. Aber Achtung: Ist ein Sachverhalt negativ, bedarf also der Verneinung, sollten Sie ihn auch so benennen. Authentisch zu sein geht immer vor.

Beispiel Für das Material Mohair können wir keine Fair-trade-Herkunft garantieren. Deshalb werden Sie in unserem Shop keine Mohairwolle finden.

Aktiv statt passiv

Der Gebrauch des Wörtchens »man« versteckt den Handelnden bzw. vermeidet eine direkte Ansprache. Eigentlich schade, denn das macht den Satz ganz schön lahm. Ersetzen Sie das Wort »man«, entstehen häufig passive Verbkonstruktionen mit dem Wort »werden«. Auch keine gute Lösung. Verwenden Sie eine aktive Sprache und sprechen Sie Ihre Kundinnen an.

Lieber nicht	Nicht wirklich besser	Besser so
Hier erlebt man ungewöhnliche Naturschauspiele.	Ungewöhnliche Naturschauspiele werden hier erlebbar gemacht.	Freuen Sie sich auf ungewöhnliche Naturschauspiele.
Man braucht bestimmte Pinsel, um den Aquarell-Effekt zu erzielen.	Es werden bestimmte Pinsel gebraucht, um den Aquarell-Effekt zu erzielen.	Sie benötigen bestimmte Pinsel, um den Aquarell-Effekt zu erzielen.
Man kann dort authentisch speisen wie in Nordafrika.	Dort ist authentisches Speisen möglich wie in Nordafrika.	Sie genießen dort authentische nordafrikanische Küche.

KORRIGIEREN

Wenn Sie Ihren Text geschrieben haben, wenden Sie sich nicht gleich dem nächsten zu, sondern gehen Sie ihn noch einmal gründlich durch und überprüfen Sie ihn anhand der gerade besprochenen Regeln: Wie viele Wörter enden auf -keit oder -ung? Lässt sich die ein oder andere Passivform durch eine aktive Form ersetzen? Haben sich geschwätzige Wörter eingeschlichen? Seien Sie unerbittlich beim Korrigieren. Die Leser werden sich über sorgfältig bearbeitete Texte freuen.
Wenn Sie die Korrekturen digital weiterreichen wollen, etwa an Ihren Grafikdesigner oder Ihre Programmiererin, empfiehlt sich die Korrekturfunktion von Word.

TEXT MIT UNSEREN KOMMENTAREN

Beantragung eines Segelscheines

Dieses Antragsformular ist zur Verwendung bei Verlust oder zur Ausstellung gegen Vorlage „alter“ Befähigungsnachweise vorgesehen. Voraussetzung ist dafür, dass die Befähigungsnachweise nach wie vor gültig sind. Sie ersetzen dann die Fahrerlaubnis. Der Umtausch ist jedoch insbesondere für die Anerkennung im Ausland zu empfehlen, da der Sportbootführerschein Binnen in Verbindung mit dem internationalen Zertifikat nach der Resolution Nr. 40 ECE ausgestellt wird. Bei Änderungen Ihres Namens und/oder Ihrer Anschrift kann dieses Auftragsformular ebenfalls zur Verwendung gelangen. Eine Ersatzausfertigung ist in diesen Fällen nicht vorgeschrieben, kann aber auf freiweilliger Basis erfolgen.

Achtung! Nominalstil

vernebeltes Wort

gepanzertes Wort

schläfrig

schläfrige Wörter

langer Satz

leitet Nebensatz ein

vernebelter Ausdruck

gepanzerter Ausdruck

Buchstabe zu viel

gepanzertes Wort

Links

Hier können Sie Ihren Text kostenlos im Web überprüfen lassen. Seien Sie nicht allzu enttäuscht, wenn Ihnen die Analyse am Ende lauter Füll- und Bindewörter und komplizierte Satzkonstruktionen anzeigt.

mentor.duden.de
wortliga.de/textanalyse/
schreiblabor.com
Mit einem Augenzwinkern zu sehen: blablameter.de

JOURNALISTISCHE PRINZIPIEN

Sie schreiben nicht für die Zeitung, sondern für Ihre Unternehmensseite, Ihren Blog, Ihren Facebook-Auftritt. Trotzdem: Gucken Sie von den Journalisten ab, wie diese Schreibprofis die Aufmerksamkeit ihrer Leserinnen gewinnen und sie fesseln. Denn auch Sie wollen Neuigkeiten vermitteln. Vielleicht sind Sie der »umgekehrten Pyramide« schon einmal begegnet, denn sie ist ein Klassiker unter den Modellen für den Aufbau von Nachrichtentexten. Sie zeigt in der Reihenfolge der Bedeutsamkeit die Fragen, die ein guter Text beantworten soll.

- Feld 1: Wer oder was? (Was ist passiert? Wer ist involviert?)
- Feld 2: Wann und wo? (Zeit und Ort)
- Feld 3: Warum und/oder wozu? (Auslöser, Motivation)
- Feld 4: Woher weiß man das? (Quellen, Hintergründe)

Halten Sie sich an diese Reihenfolge, wenn Sie Ihren Text aufbauen. Wenn Sie sich allerdings mit dem Thema Storytelling beschäftigen, gehen Sie am besten genau umgekehrt vor. Die beiden unteren Felder an der Spitze der Pyramide sind für eine gute Story maßgeblich: Das Motiv einer Handlung und ihre Hintergründe bilden den spannenden Kern einer Geschichte, nicht so sehr der Ort, die Zeit oder die Details der Umstände (↗ Kapitel 18).

Beispiel Frau und Herr Haberland betreiben eine kleine Musikschule. Sie erweitern ihr Angebot um Kurse für kleine Kinder. Sie verfassen dazu einen Text für einen Flyer und richten sich dabei an der umgekehrten Pyramide aus.

Die Musikschule Haberland bietet jetzt Kurse für Kleinkinder an. **(Feld 1)**

Ab 3. April 2021 finden die Kurse »Musiksternchen« immer dienstags und donnerstags in den Räumen der Musikschule statt. **(Feld 2)**

Musikalische Früherziehung ist ein Meilenstein auf dem Weg der kindlichen Entwicklung. Ihre Kleinen können schon ab einem Alter von 24 Monaten gemeinsam musizieren – und die Eltern haben auch ihren Spaß. **(Feld 3)**

Prof. Dr. Uta Winter hält am Freitag, den 17. März 2021, einen spannenden Vortrag zum Thema »Musik in der frühen Kindheit«. Sie sind alle herzlich eingeladen! **(Feld 4)**

DIE UMGEKEHRTE PYRAMIDE AM BEISPIEL EINES GROSSBRANDES IN EINER KARTONAGENFABRIK

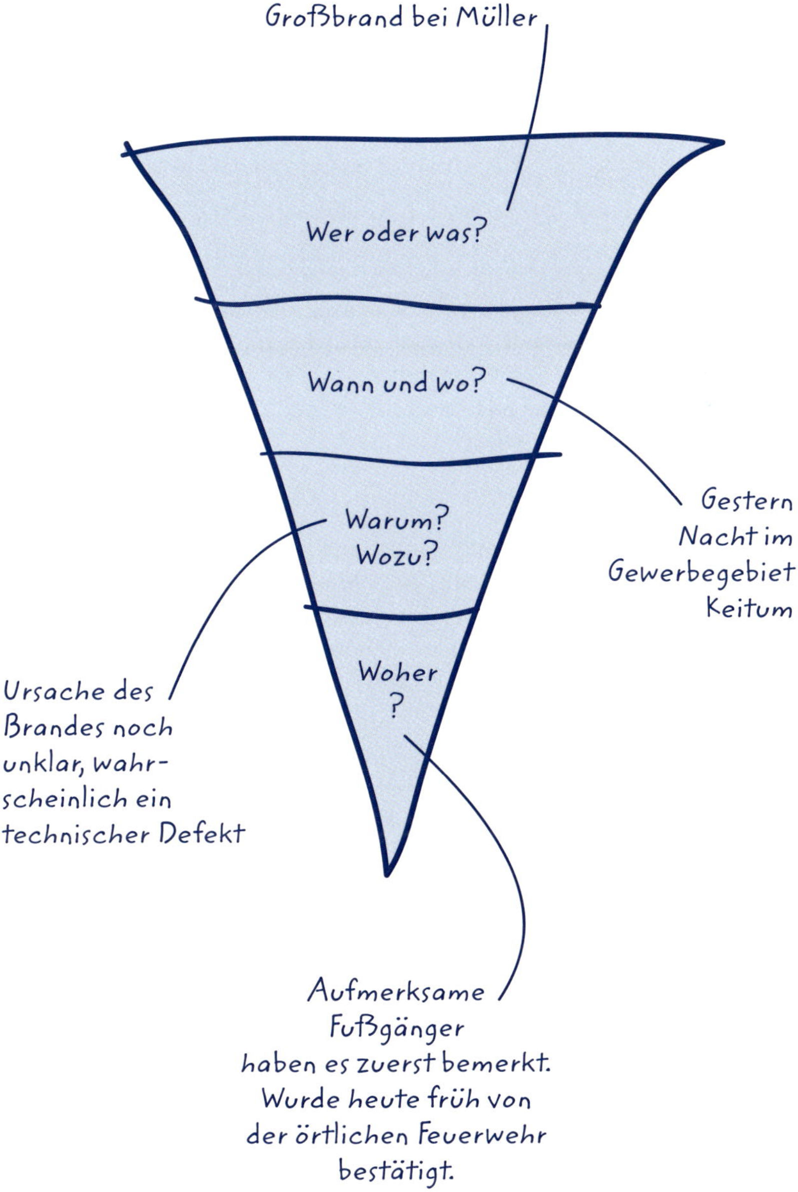

Natürlich gibt es auch im Journalismus nicht nur Nachrichten, sondern auch erzählerische Formen. Wo mehr Platz und Zeit ist, können sich z. B. die Reportage, das Interview, ein Feature usw. entfalten. Meist sind diese Darstellungsformen subjektiver und die starren Vorgaben zum Aufbau einer Nachrichtenmeldung gelten hier nicht. Der Einstieg kann die Beschreibung einer Szene sein, einer Stimmung oder er kann aus einem Zitat eines der Akteure bestehen. Machen Sie sich diese Formen überall dort zunutze, wo Sie über viel »Platz« im Web verfügen, z. B. in Blog-Beiträgen (↗ Kapitel 9).

Beispiel Bleiben wir bei der Musikschule der Haberlands. Sie haben ihre Unternehmenswebsite um einen Blog erweitert. Hier ist genug Raum, um Hintergrundinformationen zur Nachricht »Kurse für Kleinkinder« zu liefern. Frau Haberland postet einen Blog-Artikel, nachdem die ersten Kurse angelaufen sind.

Sie formuliert die Überschrift:
Zauberhafte Stunden mit den Musiksternchen

Ihr Haupttext (die sogenannte Long Copy) lautet:
Helles Läuten von der Triangel, dumpfe Klänge von der großen Trommel und zwischendrin die Stimmen der kleinen aufgeregten Neuen: Unsere Jüngsten sind 24 Monate alt und schon jetzt ganz begeistert vom gemeinsamen Musizieren. Unsere »Musiksternchen« können sich schon 10 Minuten lang auf unsere Musikpädagogin Ina Merschel konzentrieren. Sie klatschen, klopfen, klingeln und trommeln um die Wette. »Manchmal habe ich das Gefühl, dass die Eltern musikalisch auch für sich etwas nachholen wollen«, meint Frau Merschel und lächelt.

Aus der Agenturpraxis

Ein ruhiger Tag in der Agentur. Die Autorin dieses Buchs bittet die stets fröhliche Schülerpraktikantin Hatice, das Manuskript auf gepanzerte, schläfrige und geschwätzige Wörter zu überprüfen. Vornehmlich geht es ihr um das schläfrige Wörtchen »dann«, zu dem die Autorin eine zwanghafte Neigung entwickelt hat. Hatice lacht: »Wenn ich mehr als 30 finde, darf ich für alle Schokoladenriegel kaufen gehen?«

Ja, sie darf.

Hatice nutzt die Pause zwischen zwei Besprechungen, schleicht sich zu uns in den Konferenzraum und stellt sich mit einem selbstbewussten Grinsen vor die Glaswand, auf der wir Einfälle notieren und Skizzen machen.

»117.«

Ich glaube, ich habe mich verhört.

»Ich geh zum Supermarkt, Schokolade einkaufen.«

Die Handkasse wird geöffnet, das Mädchen erhält einen 20-Euro-Schein.

Die enorme Anzahl der »danns« verlangt nach viel Schokolade.

Später werden die »danns« zur Chefinnensache. An einem ruhigen Wochenende müssen 97 von ihnen weichen, 20 dürfen bleiben. (Nicht in einem Kapitel, nein, im ganzen Buch.)

Am besagten Wochenende war es mit Schokolade nicht getan – hier war Rotwein vonnöten.

Sollten Sie in diesem Buch ein einundzwanzigstes »dann« finden, laden wir Sie zu unserem nächsten Workshop zum Thema »Clever texten fürs Web« ein. Natürlich müssen Sie nichts dafür bezahlen. Aber Sie müssen mindestens eine Tafel Schokolade essen.

Kapitel 3

Abwechslungsreich schreiben

Die Grundregeln zu kennen und anzuwenden, ist wichtig, aber es reicht nicht aus, um einen Text zu schreiben, der Lesende packen soll. »Irgendwie langweilig, nicht kreativ genug«, ist eine mögliche Kritik. Gut, bringen Sie Farbe und Würze hinein. Dazu müssen Sie als Erstes etwas ganz Zentrales vergessen – nämlich die Angst vor dem weißen Papier bzw. dem leeren Bildschirm, auf dem der Cursor vorwurfsvoll blinkt. Schreiben Sie drauflos. Es wurde schon viel über den Mythos vom ersten Satz gesagt und geschrieben. Der Anfang eines Textes, eines Briefes, eines Romans müsse »sitzen«, sonst sei der Rest verloren. Blödsinn! Den ersten Satz können Sie auch zuletzt schreiben. Kreativität entfaltet sich erst im Tun. Machen Sie sich lieber locker und schauen Sie, welche der folgenden Tipps Sie für Ihre Texte übernehmen wollen.

SIGNALWÖRTER

Signalwörter werden auch »Trigger« oder »Reizwörter« genannt. Sie garantieren hohe Aufmerksamkeit, denn sie besetzen bereits einen festen Platz in unserem Gehirn. Wer horcht nicht auf bei Wörtern wie »Sex«, »Millionen« oder »Blut«? Die beiden Journalistinnen Stefanie Schramm und Claudia Wüstenhagen widmen den emotional aufgeladenen Wörtern ein ganzes Kapitel in ihrem spannenden Buch »Das Alphabet des Denkens«. Dort schreiben sie: »Schon lange ist bekannt, dass auch unser Körper reagiert, wenn wir emotionale Wörter hören oder lesen: Unser Herz schlägt schneller, wir schwitzen stärker. Das geschieht sowohl bei positiven Wörtern wie ›Liebe‹, ›Frühling‹, ›Heiterkeit‹, ›Spaßvogel‹ und ›Verlobung‹ als auch bei negativen wie ›Tod‹, ›Krieg‹, ›Nazi‹, ›Schmerz‹ und ›Krebs‹ – und sogar dann, wenn wir sie nur für Sekundenbruchteile sehen und nicht bewusst wahrnehmen. Emotionale Wörter werden vom Gehirn auch schneller erkannt und verarbeitet, und sie bleiben besser im Gedächtnis.« (Schramm/Wüstenhagen, Seite 85)
Dieses Prinzip macht sich der Boulevardjournalismus zunutze. In fast jeder Headline der BILD-Zeitung finden Sie ein Signalwort. Kaufen Sie ab und zu ein Boulevardblatt, Sie können eine Menge davon lernen.

Beispiele

»Ich ließ mich von einem Kellner entjungfern«
(Signalwort: entjungfern)
»Ein Kamel, ein Kamel!«
(Signalwort: Kamel, in der Wiederholung erinnert es an Loriots „Ein Klavier, ein Klavier!")
»Oma auf Friedhof ausgeraubt – Beute in Slip«
(gleich vier Signalwörter: Friedhof, ausgeraubt, Beute, Slip)
(Quelle: bild.de, 2.7.20, 13.04 Uhr)

Natürlich sollen Sie die Boulevardpresse nicht imitieren. Es geht um das Prinzip, das dahintersteckt. Sie können aufmerksamkeitsstarke Wörter bewusst in Ihre Texte einbauen. Wenn Sie z. B. einen Text über Ihre Pension in der Vorderpfalz verfassen, können Sie Formulierungen wie »Deutschlands Toskana« und »Trauben aus purem Gold« verwenden. Schreiben Sie aber über Dosierpumpen und Umwälzanlagen fürs Schwimmbad, so benutzen Sie an irgendeiner Stelle »glasklar« und »Quietscheente«. Trauen Sie sich ruhig etwas. Treten Sie einen Schritt zurück und versuchen Sie zu erspüren, welche Emotionen mit Ihrem Produkt oder Ihrer Dienstleistung verbunden sind. Dann fallen Ihnen auch starke und überraschende Formulierungen ein. Vor allem in Überschriften sind Wort-Trigger gut aufgehoben.

ÜBERSCHRIFTEN

Eine Überschrift, im Web meist »Headline« genannt, sollte eine dieser vier Funktionen erfüllen:

- die Aufmerksamkeit der Leserin gewinnen (»Ein Fahrradhelm hätte ihr das Leben gerettet« – Sie vertreiben Helme in Ihrem Online-Shop.)
- die gemeinte Zielgruppe direkt ansprechen (»Für Studierende, die noch keine Bleibe haben« – Sie betreiben eine kleine, bezahlbare Pension in einer Uni-Stadt.)
- eine Neuigkeit mitteilen (»Jetzt kommen die Banken mit Negativzinsen« – Sie sind selbstständige Finanzberaterin.)
- Wissen weitergeben (»Die Alternative zur Schönheits-OP« – Sie sind Inhaber eines Kosmetiksalons.)

Alle diese Überschriften bringen die Leserin dazu, die sogenannte Long Copy, also den Fließtext, zu lesen. Natürlich sind die Grenzen zwischen den einzelnen Funktionen fließend, und es schadet nicht, wenn eine Headline mehr als eine der vier Funktionen erfüllt. Es ist hilfreich, sich vor dem Texten einer Überschrift die Funktion bewusst zu machen, die sie erfüllen soll. (Kapitel 8 und 19 führen ehrgeizige Headline-Schreiber zu höheren Weihen.) Kommen Sie gar nicht voran mit der Headline, schreiben Sie über Ihren Text das Thema und legen los. Ist der Artikel, Blog-Text, Webseitentext, Facebook-Eintrag usw. erst einmal verfasst, schauen Sie sich den Stellvertreter für die Headline wieder an. Und? Was steht da? Können Sie es gebrauchen? Hat Ihr Text vielleicht eine ganz andere Wendung genommen? Jetzt fällt es Ihnen bestimmt leichter, eine passende Überschrift zu finden.

Tipp **Kurze Überschriften**

Beschränken Sie sich bei der Überschrift auf sieben Wörter. Das ist ein guter Mittelwert und eine Faustregel, die Ihnen helfen soll – aber seien Sie mutig genug, diese Regel ab und an zu brechen.

ALLE SINNE ANSPRECHEN

Zu oft wird beim Texten vergessen, dass die Lesenden mehr sind als nur visuell Wahrnehmende. Wir sind es gewohnt, Texte zu schreiben, bei denen Bilder vor dem geistigen Auge entstehen. Wie sieht es aber mit den anderen Sinnen aus? Benutzen Sie Wörter, die auf das auditive Wahrnehmungssystem (hören) zielen? Oder auf das kinästhetische (fühlen, spüren), auf das gustatorische (schmecken) oder gar das olfaktorische (riechen)? Je mehr Wahrnehmungssysteme Sie bei der Leserin bedienen, desto mehr vom Text bleibt bei ihr hängen.

Beispiel Ein mittelständischer Softwareentwickler möchte seiner Kundschaft beschreiben, dass das Unternehmen technisch perfekt ausgestattet ist.

»Wenn Sie uns am Stammsitz von Demmler Data besuchen kommen, werden Sie ein leichtes Summen vernehmen. Das sind unsere sechs Hochleistungsrechner im hermetisch abgeriegelten Serverraum, die wir gut gekühlt bei 17° Celsius bei Laune halten. Wir nennen den Raum den »Tresor«. In ihm sind 65 laufende Meter Kupferkabel verbaut, um Ihre Daten schnell und sicher von A nach B zu bewegen. Jetzt folgen Sie den Flur entlang dem Kaffeeduft. Herr Malfenter hat sich bei all unseren Cola trinkenden Programmiererinnen durchgesetzt und hantiert lautstark an einer echten italienischen Gaggia-Maschine. Wie möchten Sie Ihren Kaffee? Mit Milch und Zucker?«

Das ist natürlich ein ungewöhnlicher Text für den Unternehmensauftritt eines Softwareentwicklers. Wetten, dass er sich gut im Hirn der Lesenden verankert? Dass nicht nur Bilder in ihren Köpfen entstanden sind, sondern dass sie förmlich spüren, wie es dort vor Ort ist? Dass sie davon überzeugt sind, dass die Leute dort technisch voll auf der Höhe sind? – Hier sind die Wörter und Formulierungen, die diesen Eindruck haben entstehen lassen:

- ein leichtes Summen vernehmen: auditiv
- hermetisch abgeriegelt: kinästhetisch
- gut gekühlt: kinästhetisch
- Tresor: visuell
- laufende Meter Kupferkabel verbaut: kinästhetisch
- von A nach B zu bewegen: kinästhetisch
- folgen Sie dem Kaffeeduft: olfaktorisch
- Cola trinkende Programmiererinnen: gustatorisch
- hantiert lautstark: auditiv
- italienische Gaggia-Maschine: visuell
- Milch und Zucker: gustatorisch

WORTFELDER ANLEGEN

So viel ist bereits klar: Es ist besser, auf Floskeln zu verzichten und eine möglichst ausdrucksstarke Sprache zu benutzen. Es kommt jedoch selten vor, dass jemand über einen solch reichen Wortschatz verfügt, dass er ohne Synonym-Wörterbuch auskommt. In den meisten Textverarbeitungsprogrammen gibt es die Funktion »Thesaurus« – die digitale Variante eines Synonym-Wörterbuchs. Mit dem Thesaurus kommen Sie aber manchmal nicht weiter. Benutzen Sie eines der vorgeschlagenen Wörter, hört sich Ihr Text oft nicht viel abwechslungsreicher an. Kann er auch nicht, denn der Thesaurus bietet immer nur inhaltliche Entsprechungen des betreffenden Wortes an, nicht aber Verbindungen zu anderen Bedeutungswelten. Anders verhält es sich, wenn Sie selbst ein Wortfeld anlegen. Darin sammeln Sie alle Begriffe, die thematisch mit Ihrem Wort zu tun haben oder die Sie damit assoziieren. Sie stellen Beziehungen zu anderen Wörtern her; sie richten sich inhaltlich vielfältiger aus.

Beispiel Frau Zoltan schreibt einen Text für ihre Unternehmenswebsite. Sie ist Beraterin für strategische Unternehmensentwicklung. Es ist immer schwierig, für solch abstrakte, erklärungsbedürftige Dienstleistungen Texte zu verfassen; Frau Zoltan hat also unser ganzes Mitgefühl. Sie brütet über diesem Satz: »Ist Ihr Vorhaben analysiert, konstruieren wir gemeinsam ein passendes Geschäftsmodell.« Nun hat Frau Zoltan in anderen Texten schon zigmal die Worte »Vorhaben«, »analysieren«, »konstruieren« und »Modell« gebraucht – sie kann es selbst nicht mehr sehen. Sie knöpft sich zunächst das Wort »Modell« vor und schreibt es in die Mitte eines Papiers. Danach assoziiert sie frei: Modell – Modellbau – austüfteln – Modellbeispiel – Vorbild sein für – modellieren – Modell stehen – Prototyp – überholtes Modell – Paradebeispiel für …

Jetzt kommt »konstruieren« dran: konstruieren – Konstrukt – Konstruktion – konstruktiv – Struktur – strukturieren – bauen – auseinandernehmen – gefährliches Konstrukt – Gerüst – rüsten für – gerüstet sein …

Oft reichen schon einige Minuten, um ein Wortfeld entstehen zu lassen. Sie merken bereits, wie viel Farbe in das Thema gekommen ist. Frau Zoltan schreibt nun jeden Begriff auf eine Karteikarte und heftet die Karten an die Wand – ja, das lohnt sich, denn diese Wörter bilden die Kernaussage zu ihrem Business; sie wird sie noch öfter hervorholen. Nun empfehle ich, das Ganze erst einmal sacken zu lassen, um später aus dem Wortfeld neue Kombinationen zu bilden. Frau Zoltan schreibt: »Ihr Geschäft braucht ein gutes Gerüst, damit es auch stürmische Zeiten übersteht. Gemeinsam mit Ihnen begeben wir uns in unsere »Modellbauwerkstatt« und tüfteln so lange, bis die Konstruktion für Ihr Business ausgereift ist.«

Tipp **Wichtige Helfer**

Wenn Sie auf der Suche nach Alternativwörtern sind, hilft das Duden Synonym-Wörterbuch. Hier findet man jede Menge sinnverwandte Wörter, die Abwechslung in Ihren Text bringen. Profis können auch den »Dornseiff« verwenden, den bewährten Wälzer, der den deutschen Wortschatz in Sachgruppen präsentiert.

Links

Diese digitalisierten Sprachschätze helfen Ihnen dabei, abwechslungsreicher zu schreiben. Sie geben das betreffende Wort ein, und diese Tools eröffnen Ihnen Wortfelder. Vorsicht, gehen Sie dabei nicht im dichten Wörterwald verloren – diese Plattformen besitzen Suchtfaktor.

wortschatz.uni-leipzig.de
dwds.de

SEI DU SELBST

Man kann es nicht oft genug sagen: Ein guter Text lebt davon, wie authentisch die Autorin selbst schreibt. Der Leser merkt das – er ist immer schlauer, als wir denken: Er bekommt unterschwellig mit, ob Behauptungen leer oder mit Wissen untermauert sind, ob Gefühle übertrieben oder echt sind, ob hier eine Aufschneiderin zu ihm spricht oder eine Person, die ihr Erfahrungs- und Fachwissen ehrlich mit ihm teilen möchte.
Es kommt auf Ihre Haltung als Schreibender an. Ohne dass Sie es selbst merken, vermitteln Sie mit dem, was und wie Sie es schreiben, ob Sie z. B. Ihre Zielgruppe lieben oder auf sie herabschauen, ob Sie Ihr eigenes Produkt mögen oder es eigentlich unnütz finden, ob Sie den Dialog mit Kundinnen möchten oder auf keinen Fall Kundenrückfragen wollen usw. »Meta-Botschaften« nenne ich es, das ist der Text, der zwischen den Zeilen gelesen wird.

Beispiel 1 »Wir sind bemüht, Ihr Anliegen schnellstmöglich zu bearbeiten.« Auf den ersten Blick ist an dieser Formulierung nichts auszusetzen. Sie kommt jedoch »gepanzert« daher – hinter einem solchen Satz können sich völlig gleichgültige Mitarbeiter verbergen. Authentisch und ehrlich klingt das nicht (↗ Kapitel 2, gepanzerte Wörter).

Beispiel 2 »Sehen Sie bitte von Zwischenanfragen ab. Wir melden uns bei Ihnen, sobald wir Ihren Antrag bearbeitet haben.« Auch hier sachlich einwandfrei formuliert. Die Leserin weiß, woran sie ist. Bloß nicht dort anrufen, die werden sonst sauer. Das ist nicht besonders kundenfreundlich, kommt aber ehrlich rüber.

Beispiel 3 »Es kann manchmal etwas länger dauern. Wir wissen, dass Sie gern schnell Bescheid wissen möchten – wir bemühen uns, Ihren Antrag zügig zu bearbeiten.« Sachlich korrekt – und mit Kunden-Insight (in die Kundin hineinversetzt) geschrieben. Hier hat sich jemand Gedanken gemacht, wie es mir, dem Leser, geht. Ich bin optimistisch, dass die Leute sich beeilen werden, weil sie mein Gefühl kennen. Sie werden sich Mühe geben, mich nicht zu enttäuschen. – Ist so eine Formulierung erst einmal öffentlich, wird das Unternehmen sich tatsächlich bemühen müssen, seine Anträge zügig zu bearbeiten. Es ist also gleichzeitig ein Leistungsversprechen – gut gemacht.

Es nützt auch nichts, fremde Texte zu kopieren oder leicht zu frisieren, weil sie doch so gut zum eigenen Internetauftritt passen. Der Leser merkt das. Und die Suchmaschinen verzeihen das Kopieren von Texten auch nicht: Was doppelt im Netz vorkommt, wird schlechter bewertet. Wem schon nicht der Anstand das Kopieren verbietet, der sollte spätestens aus Gründen der Suchmaschinenoptimierung die Finger vom Textklau lassen. Google und Co. belohnen den sogenannten *unique content* (einzigartiger Inhalt) mit einem besseren Suchergebnis für Ihre Seite (↗ Kapitel 20).

INSPIRATION SCHADET NICHT

Ja, es gibt sie noch, die guten Einfälle. Letztendlich ist es egal, ob sie das Ergebnis von Denkvorgängen in welchem Teil des Hirns auch immer sind oder ob es sich um plötzliche Erleuchtungen handelt. Der Schriftsteller Peter von Matt erlebt es so: »Der Übergang in den Schlaf wird einem nicht einfach geschenkt, so wenig wie der Übergang in den Schreibzustand. Hier wie dort kann man sich auf der Schwelle abquälen, stundenlang. Hier wie dort kann aber auch unvermittelt eine Vision aufblühen, die einen verwandelt und trägt, sei's in den Traum, sei's in den Einklang von Denken und Sprache.« (Vademekum, Seite 85) Haben Sie also eine Blitzidee, schreiben Sie sie gleich auf, z. B. in ein Heftchen, das Sie mit sich führen, oder Sie kritzeln sie auf den nächstbesten Papierfetzen – oder Sie tippen es als Notiz in Ihr Smartphone.

Der Drehbuchautor Jean-Claude Carrière ist davon überzeugt, dass die Fantasie wie ein Muskel trainiert werden kann (Carrière, Seite 238). Stichwort Muskel: Es ist zweifelsfrei so, dass sich bei Bewegung, z. B. beim Spazierengehen, auch die Gedanken angeregt bewegen.
Was immer es auch ist – ein heißes Bad nehmen, Fahrrad fahren, in die Wolken gucken –, finden Sie Ihre eigene Inspirationsquelle. Sie können nämlich nicht mehrere Stunden am Tag hintereinanderweg kreativ schreiben; irgendwann ist der Kopf leer.
Sorgen Sie dafür, Ihren Kopf regelmäßig durchzupusten. Setzen Sie sich neuen und ungewöhnlichen Situationen aus – oft ist man danach kreativer.

Tipp **Pausen helfen**

Lassen Sie Schreibphasen mit Zeiten abwechseln, in denen Sie etwas völlig anderes machen, z. B. im Park spazieren gehen, Musik hören oder eine Ausstellung besuchen. Das wirkt sich positiv auf Ihre Kreativität aus.

Aus der Agenturpraxis

Wir machen einen Text-Workshop mit Mitarbeitenden eines Kommunalverbandes. Eines der dringendsten Anliegen der Teilnehmenden ist es, Tipps zu bekommen, wie man neue Formulierungen findet. Der Thesaurus in Word gebe nicht genug her. Wir verraten ihnen unsere agenturinterne Methode.

»Wenn Sie schreiben, dass der Vortrag xy interessant war, findet das keiner interessant.«

Nicken im Tagungsraum.

»Jetzt suchen Sie nach Alternativen zu ›interessant‹. Tricksen Sie sich selbst aus, indem Sie lauter Antonyme dazu finden. Antonyme sind das Gegenteil von einem Begriff. Also: Der Vortrag war langweilig.«

Die Teilnehmenden horchen auf.

»Nun sind Sie dran. Rufen Sie das Gegenteil von einem interessanten Vortrag in den Raum, ich schreibe am Flipchart mit.«

Bald hagelt es Einfälle aus der Runde.

»Zum Einschlafen. Unstrukturiert. Einfallslos. Sterbenslangweilig. Eintönig. Irrelevant. Ohne Biss. Doof. Schlecht recherchiert. Müde vorgetragen. Ohne Esprit. Schwunglos. Uninspiriert. 08/15.«

»Reicht, reicht!«, rufe ich.

Die Teilnehmenden wollen noch weitermachen, aber ich stoppe sie.

»Nun haben wir hier eine schöne Reihe an Beschreibungen für einen ziemlich uninteressanten Vortrag. Jetzt bilden Sie bitte wieder Antonyme – von den Antonymen. Übertragen Sie die negativen Begriffe in positive Formulierungen. Ich schreibe für Sie mit.«

Den Teilnehmenden dämmert es und flugs wird diktiert:

»Zum Einschlafen – aufgeweckt. Unstrukturiert – strukturiert, gut durchdacht. Einfallslos – einfallsreich, ideenreich. Sterbenslangweilig – lebendig. Eintönig – facettenreich. Irrelevant – wichtig, brauchbar. Ohne Biss – auf den Punkt. Doof – gut. Schlecht recherchiert – sorgfältig vorbereitet.«

Und so weiter.

»Sehen Sie, Sie brauchen keinen Thesaurus, Sie können das alles selbst«, beschließen wir die Runde und rufen eine kurze Pause aus. An der Kaffeemaschine treffe ich eine Teilnehmerin, die vor Begeisterung glüht. »Super Trick. Und so einfach. Ist eigentlich wie bei meinem Mann. Da fallen mir seine schlechten Eigenschaften auch schneller ein als die guten.«

Web-Texte und ihre Besonderheiten

Ein Web-Text ist lesefreundlich, wenn er leicht und zügig zu erfassen ist.

Kapitel 4

Die drei Grundregeln der Lesbarkeit

Am Bildschirm lesen wir anders als in einem Buch oder in einer Zeit-schrift. Das liegt allein schon daran, dass die Auflösung eines Displays nicht an die eines Printprodukts heranreicht. Die Augen der Lesenden müssen sich also mehr anstrengen. Oft kommt hinzu, dass die Haltung, in der Online-Texte gelesen werden, unbequem ist. Kennen Sie das? Sie fahren in der vollen U-Bahn nach einem anstrengenden Arbeitstag nach Hause, halten sich mit der einen Hand an einer Halteschlaufe fest, der Trageriemen Ihrer schweren Tasche rutscht gleich von Ihrer Schulter, zwischen Ihren Füßen steht eine volle Einkaufstüte. In der anderen Hand balancieren Sie Ihr Smartphone, auf das Sie konzentriert blicken. Sie wollen noch schnell auf einer Webseite den Beitrag lesen, den die Kollegin Ihnen empfohlen hat. Jetzt sind Sie froh, wenn die Webseite (oder die E-Mail oder der Blog-Artikel usw.) leicht zu überfliegen ist und Sie die notwendigen Informationen sofort finden. Hoffen wir, dass die drei Grundregeln der Lesbarkeit umgesetzt wurden und Sie den Text noch vor dem Aussteigen schnell durchgehen konnten.

DER LESERIN GUTES TUN

Ein Online-Text ist lesefreundlich, wenn er leicht und zügig zu erfassen ist. Weil mobile Endgeräte dominieren, sind die Menschen immer häufiger unterwegs im Netz und zugleich schneller abgelenkt durch die Reizüberflutung in ihrer Umgebung.
Der dänische Usability-Papst Jakob Nielsen fordert es seit 1998 immer wieder, und es hat nichts an Aktualität verloren: »concise, scannable and objective« – so sollten Online-Texte beschaffen sein. Knapp, leicht zu überfliegen und sachlich: Dies ist das Grundmuster eines guten Online-Textes. Nielsen ist Inhaber von über 70 US-Patenten, bei denen es fast immer darum geht, wie man das Internet nutzungsfreundlicher gestaltet. Er forscht und berät Unternehmen zur Gebrauchstauglichkeit (»Usability«) von Software- und Webdesign.
»Concise, scannable and objective« – was aber steckt hinter diesen drei Eigenschaften, die für hohe Lesefreundlichkeit stehen?

Knapp und klar (»concise«)

Vergessen Sie ausschweifende Beschreibungen und unterdrücken Sie das Bedürfnis, alle Informationen in einen Textabschnitt zu packen. Ja, natürlich bietet Ihr Unternehmen jede Menge Leistungen an, ist die Produktpalette vielfältig, gehören in den Lebenslauf eines geschätzten Teammitglieds zahlreiche, aufschlussreiche Stationen. Aber wollen Sie Ihren Lesern zumuten, am Bildschirm oder auf dem kleinen Display eines Smartphones oder Tablets Textmassen zu lesen? Als Faustregel gilt: Kürzen Sie die Textmenge, die eine Leserin gerade noch so in einem Printprodukt, z. B. in einer Broschüre, verkraftet, beherzt um 50 %. Und das, obwohl Suchmaschinen lange Texte lieben – dazu im nächsten Abschnitt mehr. Als Erstes geht es Floskeln, Füllwörtern, Wiederholungen, einleitenden Sätzen, dem Vorwort, dem Schlusswort etc. an den Kragen. Sie sind im Internet erst recht entbehrlich. Reduzieren Sie alle Aussagen auf den Kern. Schreiben Sie kurze Sätze, ja, benutzen Sie sogar kurze Wörter.

Häufig wird unsere Agentur nach der Anzahl der Zeichen oder Wörter gefragt, die wir für Online-Texte empfehlen. Ich halte wenig von genauen Mengenangaben, denn: Es kommt immer darauf an. Jeder Internetauftritt ist anders, sodass generelle Zeichenzahlen nicht weiterhelfen. Halten Sie sich an die Regel, immer schnell auf den Punkt zu kommen. Präzise Aussagen kann Ihr Leser schnell erfassen. Es ist doch so: Wir mühen uns ab, gute Texte mit reichhaltigen Informationen zu verfassen, und am Ende überfliegen die Leserinnen sie nur. Sorgen wir also dafür, dass mehr hängen bleibt, indem wir ihnen weniger Stoff zumuten. Wir dürfen nicht vergessen, dass sich unsere Leser bereits durch das Navigieren im Online-Medium mit viel Text auseinandersetzen müssen: Buttons, Links, Formulare, Felder – all dies ist bereits »beschriftet« und sickert – meist unbewusst – in das Wahrnehmungssystem der Nutzerin.

Tipp **Kürzen am Bildschirm**

Haben Sie sich zum Kürzen durchgerungen, bearbeiten Sie den entsprechenden Text am Bildschirm, nicht auf einem Papierausdruck. Dadurch bekommen Sie ein besseres Gefühl dafür, wie der Text nachher auf dem Display aussieht. Außerdem können Sie viel schneller über die Funktion »Wörter zählen« herausfinden, ob Sie tatsächlich mutig genug waren, den Ausgangstext auf etwa die Hälfte einzudampfen. Die abschließende Korrektur sollten Sie aber auf einem Papierausdruck machen – um die Umwelt zu schonen, kann man dafür einseitig bedrucktes, überschüssiges Papier nehmen.

Den Suchmaschinen Gutes tun
Natürlich dürfen wir bei aller Knappheit die Suchmaschinen nicht vernachlässigen. Im Prinzip mögen diese nämlich große Textmengen. Wie schaffen Sie also den Spagat zwischen dem lesefaulen Nutzer und den textaffinen Suchmaschinen? Die Antwort: Schreiben Sie mehr, wenn es das Thema hergibt. Und lösen Sie das Dilemma elegant, indem Sie bei längeren Textpassagen anfangs eine Zusammenfassung anbieten, ein sogenanntes Executive Summary. In dieser Zusammenfassung ist der Kern des Inhalts enthalten.
Auch eine gute Lösung: Querverweise einbauen. Bei gedruckten Texten gibt es für vertiefende Informationen nur die Fußnoten – aber wer liest schon gerne Fußnoten? Online-Texte können Sie jedoch entzerren, indem Sie weniger Relevantes oder Aspekte, von denen Sie annehmen, dass die meisten Lesenden damit vertraut sind, auf einer anderen Seite unterbringen. Ein Link führt all diejenigen dorthin, die sich ausführlicher mit dem jeweiligen Thema beschäftigen wollen. Alle anderen dürfen ungestört kurze, luftig-leichte Texthappen genießen. Verschlanken Sie Ihre Inhalte, indem Sie z. B. Hintergrundinfos, historische Daten oder Tipps durch einen Klick auf einen Link erreichbar machen – und zwar nur für die, die es wollen. Der Nutzer kann überfliegen und wählen, die Suchmaschine interpretiert Texte und Links und bewertet die Seite aufgrund der guten Vernetzung (»Durchblutung der Seite«) besser. Na bitte, geht doch.

Auf einen Blick zu erfassen (»scannable«)

Ist ein Text gut strukturiert, bietet er dem Auge Halt und lässt sich leicht überfliegen. Das ist genau das, was die Online-Leserin tut: Sie liest nicht Wort für Wort, sondern »scannt« den Text mit den Augen, wenn auch oft nicht bewusst. Dieses Leseverhalten kann man ihr nicht abgewöhnen. Also kommen wir ihr lieber entgegen, indem wir für kurze Headlines, kurze Absätze und zahlreiche Zwischenüberschriften sorgen und Aufzählungen nicht als Fließtext, sondern als Liste verpacken. In Studien zur Lesefreundlichkeit von Texten konnte nachgewiesen werden, dass gut strukturierte Texte besser erinnert wurden. Lange Absätze frustrieren den Leser, insbesondere im Online-Bereich. Die Folge: Er springt ab, verlässt die Seite, den Blog oder liest die E-Mail nicht zu Ende – und das wäre doch schade.

Ein Text mit Absätzen à zwei oder drei Zeilen mag in einer gedruckten Broschüre wie zerhackt aussehen – auf dem Bildschirm jedoch sind es solche kleinen Textportionen, die der Leserin helfen, den Text zu »scannen«. Lesende scannen übrigens in Form eines »F«: die Headline ganz, anschließend die ersten Wörter der Unterüberschriften (Subheadlines) und das Ende des Textes.

Beispiel Die Imagebroschüre eines Elektro-Dienstleisters behandelt das Thema E-Check. Wir überarbeiten den Print-Text, sodass er online-tauglich wird.

Print-Version

Keine Sicherheit ohne E-Check (BGV A3)!

Nach dem Arbeitsschutzgesetz (ArbSchG) und der Betriebssicherheitsverordnung (BetrSichV) ist der E-Check für Arbeitgeber bindend. Ein Verstoß kann strafrechtliche Konsequenzen haben. Der E-Check bestätigt den einwandfreien Zustand Ihrer Elektroanlage gegenüber Gewerbeaufsichtsämtern und Berufsgenossenschaften. Er erfolgt gemäß den Unfallverhütungsvorschriften (UVV-BGV A3) und schützt gegen eventuelle Schadensersatzansprüche der Versicherer. Der E-Check spart Geld: So sind z. B. ermäßigte Prämien bei Versicherern möglich. Er spart Energie durch fachkundige Beratung, beugt Schäden vor und erhöht die Sicherheit für Mensch und Betrieb. (668 Zeichen)

Online-Version

E-Check gibt Sicherheit

- bindend für Arbeitgeberinnen und Arbeitgeber nach ArbSchG und BetrSichV
- abgesichert sein gegenüber Gewerbeaufsichtsämtern und Berufsgenossenschaften
- gemäß den Unfallverhütungsvorschriften
- geschützt gegen Schadensersatzansprüche der Versicherer
- spart Energie
- spart Geld (ermäßigte Prämien bei Versicherern möglich; diese Anbieter können Sie unverbindlich dazu befragen) (402 Zeichen)

Erläuterung zur Online-Version

1. Der Textabschnitt wird um etwas mehr als ein Drittel gekürzt (concise – knapp).
2. Wir verlinken erklärungsbedürftige Begriffe (z. B. Unfallverhütungsvorschriften) mit einer Unterseite. Hier können wir ausführlich über sie berichten, damit uns nicht nur die Leserinnen, sondern auch die Suchmaschinen schätzen.
3. Wir gestalten den Textabschnitt als Aufzählung (scannable – gut zu überfliegen).
4. Wir benutzen in der Aufzählung die Abkürzungen ArbSchG und BetrSichV, da diese den Fachleuten (Zielgruppe der Website) bekannt sind. Das macht den Text wieder kürzer (concise – knapp).
5. Wir verlinken die Abkürzungen nicht mit den Gesetzestexten, denn diese sind sofort per Google auffindbar. Es ist nur wichtig, dass deutlich wird, dass ein Verstoß rechtliche Folgen hat (objective – sachlich).
6. Weiterführende Begriffe wie Unfallverhütungsvorschriften werden als PDF zum Download angeboten (concise, scannable, objective – knapp, überfliegbar, sachlich).
7. Ein echter Mehrwert lässt sich schaffen, wenn die Verlinkung des Begriffs »Anbieter« im letzten Aufzählungspunkt direkt zur Seite eines Versicherers führt, der solche ermäßigten Prämien anbietet. Das ist nicht nur inhaltlich, sondern auch aus Sicht der Suchmaschinen planvoll, denn externe Service-Links steigern den Wert einer Seite.

STRUKTURIEREN SIE IHREN ONLINE-TEXT

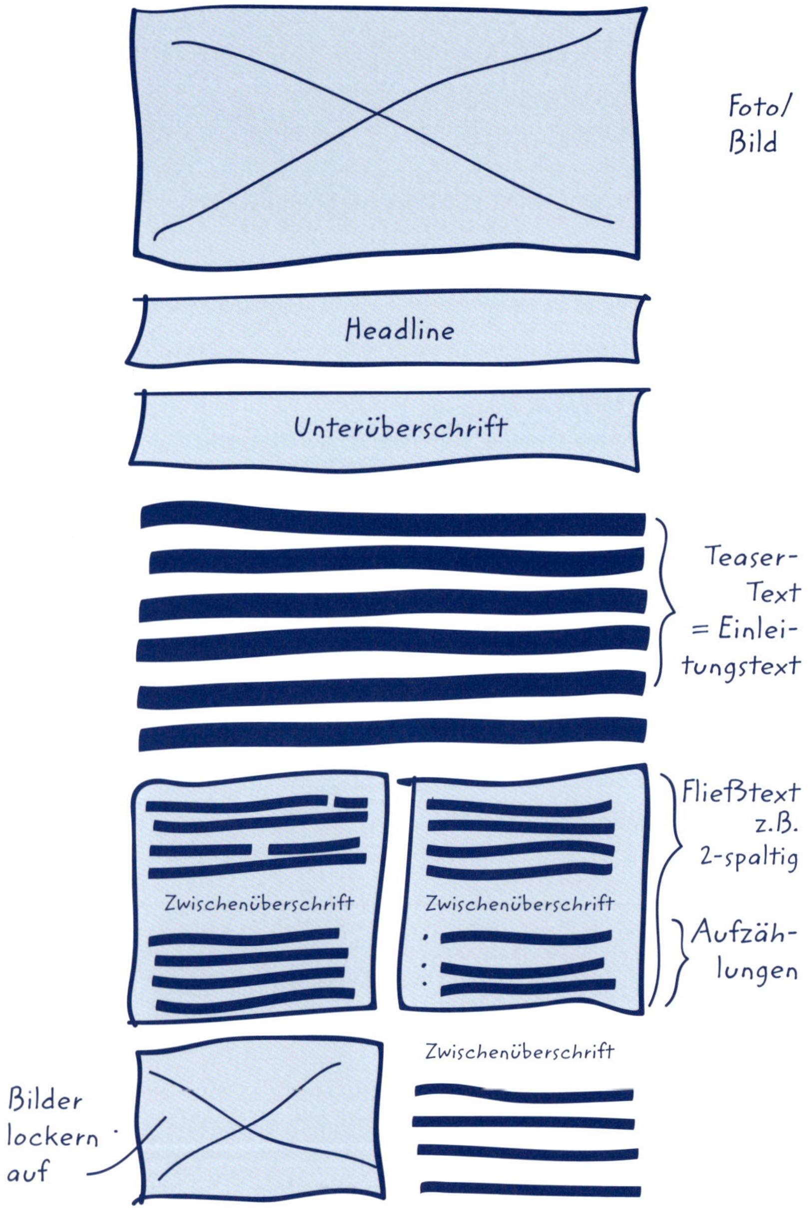

Sachlich bleiben (»objective«)

Falls in Ihnen eine Poetin steckt: Leben Sie das aus, nur nicht in einem Business-Newsletter, in dem Blog-Artikel auf der Unternehmenswebsite oder auf der Firmen-Facebook-Seite. Es gibt natürlich Ausnahmen. Aber grundsätzlich gilt im Businessalltag: Bleiben Sie faktenbezogen und informativ. Das muss Sie nicht von einer knalligen Headline abhalten und einem humorvoll formulierten Text. Mehr dazu finden Sie in Kapitel 3 »Abwechslungsreich schreiben« und in ↗ Kapitel 19 »Abgucken von den Profis«.

Jakob Nielsen hat in zahlreichen Usability-Studien nachgewiesen, dass der Leser von Unternehmenstexten im Internet eine hohe Sachlichkeit erwartet. Denken Sie daran, dass die Leserin ohne Umschweife die Information erhalten möchte, die sie sucht.

Beispiel

Blumig – gut für die gedruckte Broschüre

Die Kruste knackt, das Brot duftet köstlich. Die Vögel zwitschern, während Sie die frischen Brötchen aus unserer Bäckerei Willem aufschneiden und mit zartem Rahm bestreichen. So fängt Ihr Tag gut an. Wir führen auch mit Liebe gemachte handgeschobene Sauerteigbrote und gestalten die Hochzeitstorte Ihrer Träume.

Sachlich – gut für die Website

Bäckermeister Willem bietet echtes Bäckerhandwerk. Alle unsere Produkte werden in der hauseigenen Backstube hergestellt.

- Brötchen in vielen Variationen
- handgeschobene Brote (Sauerteig, Roggen, Weizen)
- glutenfreie Produkte
- Torten, nach Ihren Vorstellungen gestaltet

Links

Einige Beispiele für die gelungene Umsetzung der Grundregeln für Lesbarkeit:

Steuerberater: knappworst.de
Autowerkstatt: dobberkau.de
Geldinstitut: mmwarburg.de
Taxiunternehmen: taxi17.de

Aus der Agenturpraxis

Geht es wieder einmal hektisch bei uns zu, kommt Effi zum Einsatz. Ihr wirklicher Name ist ein anderer, aber Effi steht für Effizienz, und das hat unsere Kollegin absolut drauf. Innerhalb einer Woche soll ein Imagetext für ein Start-up kreiert werden. Und wie sich das für Start-ups gehört, ist auch dieses mit seiner Kommunikation in mehreren Kanälen unterwegs: Facebook, Instagram und Blog.

Effi zieht sich zum Schreiben in die große Agenturküche zurück, um die geniale Mischung aus Nicht-alleine-sein-Müssen, produktiver Arbeitsunruhe und Telefon-Auszeit zu genießen. Sie schreibt und verwirft und korrigiert und feilt und liest gegen und ergänzt und überlegt und trinkt dabei viel Kaffee.

Nach drei Tagen freiwilligem Küchenexil kommt sie zurück mit einem ganzen Stapel Papier. (Wir lesen am Schluss fertige Texte als Papierausdruck und raten allen Schreibenden, dies auch zu tun. Das Auge erkennt Text auf Papier besser.)

»Moment, Effi, gewünscht war eine Seite Imagetext, nicht zehn Seiten.«

Effi lässt sich nicht beirren und drückt uns zunächst nur eine Seite in die Hand. Der Text liest sich locker und fluffig, perfekt für das flotte Start-up.

»Was ist mit den anderen Seiten?«

»Ausbeute.« Meint Effi. »Material für das nächste halbe Jahr.« Und erläutert uns, dass sich ein einmal dem Hirn und der Fantasie abgerungener, guter Text als Basis für jede mögliche weitere Kategorie von Online-Texten verwenden lasse:

- längerer Imagetext in der Printbroschüre
- gekürzter Text auf der Website
- in vier Portionen aufgeteilte Posts auf Facebook
- gedruckte Postkarte – mit dem Schlüsselsatz
- »Card« mit einem kurzen Satz für Instagram oder andere bildlastige Plattformen
- Blog-Artikel, angereichert mit einem Interview
- vorgeschalteter Text zu einem PDF-Download, z. B. ein White Paper

Verstehen Sie jetzt, warum sie Effi heißt? – Wir können Sie nur ermutigen, ihr nachzueifern und kostbare Ressourcen da zu schonen, wo es Sinn ergibt.

(Nein, wir leihen Effi nicht aus.)

Kapitel 5

Elemente, die Strukturen schaffen

Online-Lesende hassen Unübersichtlichkeit. Geben Sie ihnen eine durchdachte Struktur an die Hand. Eine solche Struktur ist mehr als eine visuelle Ordnung, in der sich einzelne Elemente klar voneinander unterscheiden. Sie ist auch eine Strategie. Sie bestimmen damit, was Ihre Leser zuerst lesen, wo sie hängen bleiben und was sie im Gedächtnis behalten. Wir sind alle von solchen Ordnungen abhängig, um uns schnell zurechtfinden zu können. Was z. B. ein gutes Wegeleitsystem auf dem Gelände eines großen Klinikums für die Patientinnen ist, sind für Webseitenbesucher die immer wiederkehrenden Muster wie Menüführung, Social-Media-Icons oder Headlines.

ORIENTIERUNG IM TEXT

So ist ein Buch aufgebaut: Cover mit Titel und einem Bild oder auch ohne Bild, Klappentext, Impressum, Inhaltsverzeichnis, Kapitelüberschriften, Seitenzahlen, Absätze, evtl. Schlusswort/Danksagung und Register. Bei einem solchen analogen, also anfassbaren Printprodukt bleibt alles auf dem Papier genau dort stehen, wo es hingedruckt wurde. Man fängt in der Regel vorne an zu lesen bzw. orientiert sich im Inhaltsverzeichnis.
Für eine Online-Leserin ist das anders. Sie fragt sich: Wo fängt die Seite an? Wo hört sie auf? Wo stand das noch mal im Blog? Ich hatte doch eben ein tolles Foto gesehen – muss ich jetzt hoch- oder runterscrollen? Es ist online viel schwieriger, sich zu orientieren. Machen wir es unseren Lesern also möglichst leicht.

Tipp **Name und Logo**

Das Erste, das Sie tun können, damit Ihre Webseitenbesucherin durchblickt: Name und Logo Ihres Unternehmens sollten auf jeder Seite sichtbar sein. Auf jeder. Verlinken Sie das Logo und den Unternehmensnamen außerdem mit der Startseite. So findet der Nutzer schnell den Weg zurück an den Anfang.

Texte portionieren

Die meisten Nutzerinnen wollen im Web keine langen Texte lesen, im Gegenteil. Wer eine Antwort auf seine spezifische Frage sucht, will zumindest an dieser Stelle kein komplettes Handbuch lesen. Der Online-Leser benötigt den Text in leicht verdaulichen Portionen. Verabschieden Sie sich daher vom Bild des analogen Bücherlesens und verinnerlichen Sie stattdessen das System »Karteikarte«. Die Userin sucht nach Informationshappen, die Sie ihr auf den Seiten Ihres Blogs, Ihres Shops, Ihrer Unternehmenswebsite mundgerecht präsentieren.

In gewissem Maße ist auch dieses Buch so konzipiert: Sie müssen es nicht chronologisch lesen, sondern können von Thema zu Thema, von Karteikarte zu Karteikarte hüpfen. Die Querverweise auf andere Kapitel entsprechen den Links im Online-Medium. Nur einen interaktiven Dialog können wir hier nicht bieten – Sie sind herzlich eingeladen, sich dafür einmal im Blog der Website www.clever-texten-fuers-web.de umzuschauen.

Überschriften strukturieren Text

Als Erstes teilen Sie Ihre Inhalte in mehrere Texthappen auf. Dann strukturieren Sie jede Portion wiederum mithilfe verschiedener Elemente. Überschriften eignen sich bestens dafür – schreiben Sie viele davon! Und achten Sie darauf, dass sie aussagekräftig sind. Das, worum es geht, sollte möglichst weit vorne stehen. Wer von den Profis abgucken möchte, liest in Kapitel 19 mehr dazu.
Im Web werden die Überschriften (für den Leser allerdings nicht sichtbar) durchnummeriert mit H1, H2 und so weiter; dabei steht H für »Headline«. Die H1-Überschrift ist die einflussreichste; sie steht ganz oben, sollte in einer größeren Schrift erscheinen und wird zuerst gelesen – auch von den Suchmaschinen. Daher sollte sie eines der Keywords (Schlüsselbegriffe) enthalten, nach denen die Nutzerin im Web sucht. Die H2 ist ebenfalls wichtig – für Leser wie Suchmaschinen: Es ist die nächstkleinere Headline, die auf H1 folgt. Achten Sie hier auch auf eine sorgfältige Formulierung. Mehr zur Suchmaschinenoptimierung (SEO) finden Sie in Kapitel 6.

Tipp **Kontaktdaten**

Diese Daten schaffen Orientierung und damit Vertrauen. Geben Sie der Userin die Möglichkeit, mit Ihnen in Kontakt zu treten. Nennen Sie Telefonnummer und/oder E-Mail-Adresse, möglichst im Footer (Fußzeile) auf jeder Seite.

Die List mit den Listen

Aufzählungen, die in den Fließtext eingebettet sind (also ohne Aufzählungszeichen) sind etwas für Broschüren, Flyer, Magazine und so weiter. Im Web gilt: mit Listen (Gliederungspunkten) arbeiten. Das schafft im Handumdrehen Struktur und ermöglicht einen schnellen Überblick (↗ Kapitel 4). Machen Sie aus einer Aufzählung im Web schon ab drei Punkten eine Liste. Sollte die Liste lang sein, halten Sie die einzelnen Punkte kurz. Den Punkt mit den meisten Wörtern stellen Sie – sofern inhaltlich korrekt – an den Schluss der Liste.

Lieber nicht	Besser so
Zur Anmeldung bringen Sie bitte Ihren Personalausweis, Ihre Krankenkassenkarte, die Überweisung von der Hausärztin, bei Minderjährigen eine Einverständniserklärung der Erziehungsberechtigten und Röntgenbilder (falls vorhanden) mit.	Diese Unterlagen brauchen Sie für die Anmeldung: • Personalausweis • Krankenkassenkarte • Überweisung von der Hausärztin • Röntgenbilder (falls vorhanden) • nur bei Minderjährigen: Einverständniserklärung der Erziehungsberechtigten

Auszeichnungen im Text

Unterstreichen wir in einem Text z. B. etwas, setzen wir es fett oder kursiv oder schreiben wir in Großbuchstaben, sprechen wir von Text-Auszeichnungen. Damit sollte man schon im Printbereich sparsam umgehen – erst recht gilt dies für Web-Texte. Unser Auge hat es ohnehin schon schwer genug mit den Pixeln am Monitor – da stören Auszeichnungen mehr, als dass sie helfen. Es gibt zwei Sorten von Text-Auszeichnungen, die sich im Web bewährt haben und zu denen wir raten: **fett** (bold) und farblich (highlighten) absetzen. Aber beides nur in Maßen. Für einen Teaser-Text (die kurze Einführung vor dem eigentlichen Haupttext) eignet sich fett gesetzte Schrift. Nur für Wörter oder kurze Wortzusammenhänge, bei denen ein Link hinterlegt ist, eignet sich eine farbige Auszeichnung – aber bitte immer dieselbe Farbe verwenden, auch auf anderen (Unter-)Seiten, damit die Lesenden diesen Farbcode wiedererkennen. Unterstreichen Sie das verlinkte Wort nicht noch zusätzlich – das wäre schon zu viel des Guten.

Typografie

Die Gestaltung von Schriften bezeichnet man als Typografie. Sie lesen zum Beispiel gerade einen Satz, der in Myriad Pro, 9,5 Punkt gesetzt ist.
Myriad Pro ist der Name der Schrift. Die Punktzahl bezeichnet die Schriftgröße. Stellen Sie die Schriftgröße in Ihrem Webauftritt nicht zu klein ein, am besten auf 12 Punkt. In einem Buch wie diesem darf die Punktzahl kleiner sein, denn Text auf Papier als Träger ist für das Auge leichter zu erkennen. Zwar kann die Nutzerin die Schriftgröße online in ihrem Browserfenster variieren, besser ist jedoch, den Text von Anfang an gut lesbar zu präsentieren.
Wählen Sie eine serifenlose Schrift, z. B. Arial oder Helvetica. Diese Schriften sind auf einem Bildschirm besser lesbar als eine Schrift mit Serifen (z. B. Times, Baskerville). Von den einzelnen Schriften gibt es auch unterschiedliche Schriftschnitte, z. B. Arial Narrow, eine schmal laufende Version der gängigen Arial. Probieren Sie aus, welche Schrifttype und welcher Schriftschnitt am besten auf dem Bildschirm »stehen«.

SERIFENSCHRIFT UND SERIFENLOSE SCHRIFT

Schreiben Sie möglichst nie Wörter in VERSALIEN, d. h. in Großbuchstaben. Diese sind schon im Printbereich schlecht lesbar, online erst recht. Zudem haben sie häufig eine marktschreierische Anmutung.
Arbeiten Sie mit verschiedenen Schriftgrößen, um Texteinheiten deutlich voneinander abzuheben, aber übertreiben Sie es nicht. Es reicht, die Headline größer zu setzen als den Fließtext. Mehr als drei verschiedene Textgrößen sollten Sie Ihrem Online-Leser auf keinen Fall zumuten.
Der Zeilenabstand sollte nicht zu klein sein. Lassen Sie ein wenig Luft zwischen den Textzeilen, im Typografen-Jargon »Zeilendurchschuss« genannt. Diese Zeilen zum Beispiel haben einen Durchschuss von 13 pt . Im Web sollten Texte einen Zeilenabstand von 1,5 aufweisen.
Achten Sie auf einen guten Kontrast von Schrift und Hintergrund. Klingt zwar langweilig, ist aber unschlagbar: Schwarz auf Weiß ist immer noch am besten lesbar. Helle Schrift auf dunklem Grund ist manchmal kritisch, auch, wenn es vielleicht schick aussieht. Experimentieren Sie besser nicht mit farbigen Schriften – jeder Bildschirm stellt Farben anders dar. Kommt noch ein unruhiger Hintergrund dazu, wird die Seite von Ihren Kunden nicht gewürdigt. Auch erwähnenswert: Für Farbenblinde ist eine Seite mit bunter Schrift auf dunklem Grund schwer zu lesen. Ein wichtiges Kriterium für die Barrierefreiheit einer Seite.

Tipp **Achten Sie auf die Schriftgröße**

Viele Webdesignerinnen sind junge Leute, für die eine kleinere Schriftgröße ausreicht. Ich will Ihnen nicht zu nahetreten, aber ab 40 geht es bei den meisten von uns mit der Sehkraft bergab. Schauen Sie also Ihrem Designer auf die Finger. Wie hieß der schöne Bauhaus-Satz noch? Die Form folgt der Funktion. Zum Glück können die meisten Browser auch Schriften skalieren.

EINE SEITE STRUKTURIEREN

In diesem Abschnitt werden Elemente besprochen, die typischerweise auf einer klassischen Unternehmenswebsite auftauchen. Sie gelten aber im Prinzip auch für andere Kanäle wie z. B. eine Facebook-Unternehmensseite oder einen Unternehmensblog.

Logo und Unternehmensbezeichnung: Platzieren Sie beides immer an derselben Stelle, entweder links oben, mittig oder rechts oben.

Menüleiste: Wie das Inhaltsverzeichnis in einem Buch zeigt die Menüleiste der Besucherin einer Seite auf den ersten Blick, worum es geht. Sie befindet sich in den meisten Fällen oben und ist horizontal ausgerichtet, es gibt jedoch auch sogenannte *left hand menues*, die vertikal auf der linken Seite platziert sind. In der Menüleiste werden in der Regel auch die Icons (Symbole) für Social-Media-Verknüpfungen untergebracht.

Reiter: Damit sind die einzelnen Menüpunkte gemeint. Klickt man sie an, gelangt man zu den gewünschten Inhalten.

Header: Das ist der gesamte obere Bereich einer Seite. Meist befindet sich hier ein Bild oder ein in großen Lettern gesetzter Spruch. Häufig dienen Header als stimmungsvoller Einstieg oder als Informationsbereich.

Headline: Die Überschrift sollte markant sein und deutlich machen, was den Leser im nachfolgenden Text erwartet.

Teaser: Der Teaser (von engl. *to tease*, »necken«, »reizen«) ist das Textstück, meist gefettet, das dem eigentlichen Textartikel vorgeschaltet ist und Lust aufs Lesen machen soll (mehr dazu in Kapitel 9).

Long Copy: Der Haupttext sollte in viele Absätze unterteilt sein.

Absätze: Sie portionieren den Haupttext in angenehme Stückchen.

Zwischenüberschriften: Sie sind bedeutend fürs Auge als Haltepunkte. Sie müssen sich klar dem jeweiligen Absatz zuordnen lassen. Lassen Sie also weniger Abstand zwischen Zwischenüberschrift und dem dazugehörigen Textstück und mehr Abstand zwischen dem Ende eines Absatzes und der nächsten Zwischenüberschrift.

Container, manche nennen es auch Kacheln: Das sind Bereiche für Bilder mit kurzem Text, die vor allem für Bilder-Plattformen wie Instagram und Pinterest gedacht sind (↗ Kapitel 12).
Buttons: Diese »Knöpfe«, also anklickbare Schaltflächen, führen z. B. zu einem Bestellvorgang oder ermöglichen einen Download oder navigieren »nach oben«, sollte die Seite lang sein und die Userin viel scrollen müssen.
Marginalspalte: Links oder rechts des Haupttextes können Sie eine Spalte einrichten, in der sich zusätzliche Informationen befinden, z. B. News, Presseartikel, Hinweise auf Blog-Beiträge oder ein vertikales Menü.
Footer: Die Fußzeile am Ende der Seite kann z. B. das Menü noch einmal wiederholen, damit der User nicht immer wieder nach oben scrollen muss, sobald er auf eine Unterseite möchte. Es gibt auch Webdesigns, die die Menüleiste stets mitlaufen lassen, wenn die Userin scrollt. Der Footer sollte auch das Impressum und ggf. eine Datenschutzerklärung enthalten, falls diese beiden Punkte nicht schon oben in der Menüleiste sichtbar sind.
Search: Die Suchfunktion wird meist durch das Symbol einer kleinen Lupe angezeigt. Die Suchfunktion sollte idealerweise von überall aus gut zugänglich sein.

Links

Einige Beispiele für gut strukturierte Seiten im Web:
Kanzlei: jakobyrechtsanwaelte.de
Buchpreis: deutscher-buchpreis.de
Gastronom: jockl-kaiser.de
Hochschule: fh-hwz.ch

STRUKTUR EINER WEBSITE

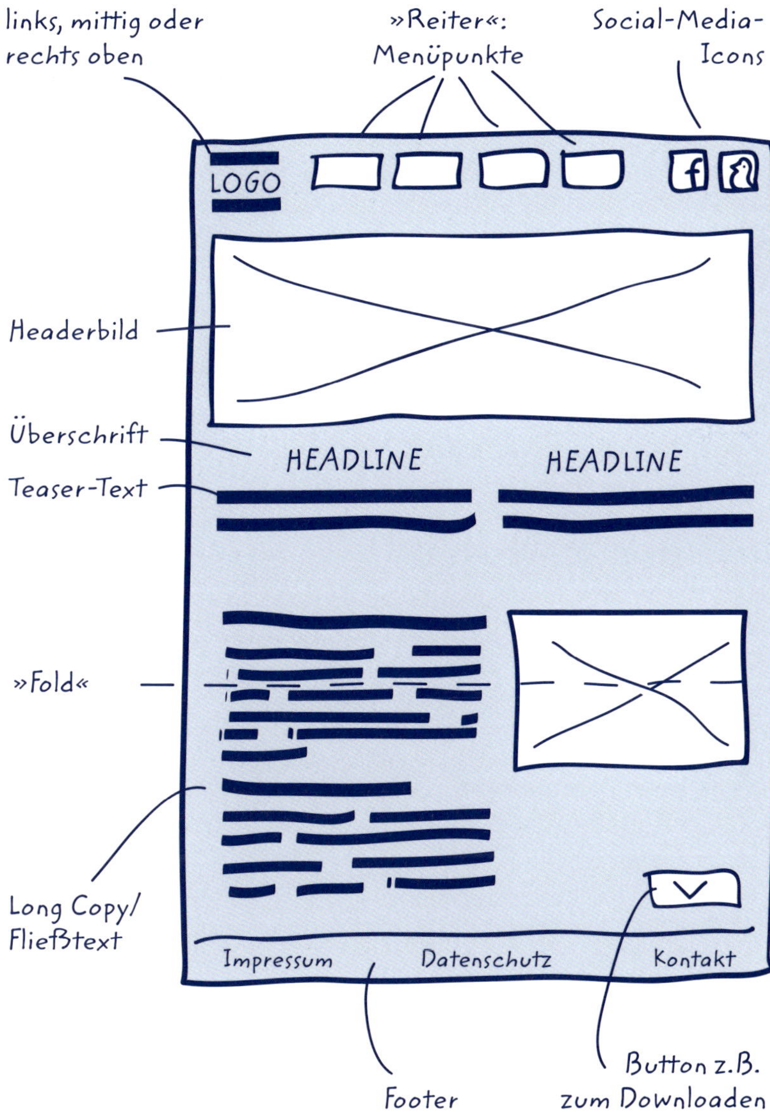

RESPONSIVES WEBDESIGN

Über die Hälfte aller User geht heutzutage mit einem mobilen Endgerät (Smartphone, Tablet) online. Was auf dem größeren Monitor eines Rechners oder Laptops gut lesbar ist, sieht auf den kleinen Displays, z. B. eines Smartphones, nicht automatisch gut aus, ist manchmal sogar schlicht nicht zu erkennen, es sei denn, man zoomt alles übergroß heran. Ein responsives (»antwortendes«) Webdesign passt sich der jeweiligen Displaygröße des Endgeräts an. So verschieben sich z. B. Artikel eines Blogs auf dem Display des Smartphones so, dass sie nicht mehr nebeneinander, sondern untereinander stehen. Und die Nutzerin muss nur scrollen, um sich die Artikel bequem nacheinander anzuschauen. Auch Google reagiert auf diese Entwicklung und sieht die mobile Version Ihrer Website als maßgeblich an – Stichwort »mobile first«. Kurz: Wer keine (nutzungsfreundliche) mobile Website anbieten kann, wird weiter hinten in den Suchergebnissen auftauchen.
Sie können für Ihre eigene Seite, Ihren Blog, Ihren Shop mit leicht zugänglichen Tools überprüfen, ob sie auf einem mobilen Endgerät anständig aussehen oder nicht. Google bietet ein solches Werkzeug an. Sie geben die URL Ihres Internetauftritts an und Google analysiert für Sie, ob es für ein Smartphone taugt. Das Ergebnis kann bei Ihnen Jubel oder Zähneknirschen auslösen.

Links

Dies sind nützliche Seiten, um Webauftritte für alle Endgeräte zu überprüfen und zu optimieren:
responsive-webdesign.mobi
google.com/webmasters/tools/mobile-friendly/
responsinator.com/

Tipp **Responsives Design**

Planen Sie einen Webauftritt, sagen Sie Ihrer Programmiererin, dass die Seite responsiv sein muss. Viele Websites werden heute schon auf Basis eines mobilen Designs programmiert. Lassen Sie sich ausführlich dazu beraten, welche Form der Programmierung sich für Ihr Anliegen am besten eignet. Achten Sie aber auf jeden Fall darauf, dass beide Versionen der Seite die gleichen Inhalte bereitstellen.

RESPONSIVES WEBDESIGN

Die Grafik zeigt ein und dieselbe, responsiv programmierte Seite: einmal in der klassischen Ansicht auf einem Desktop-Computer, einmal in der Ansicht auf dem Display eines mobilen Endgeräts.

Ansicht auf einem mobilen Endgerät

Klassische Ansicht auf dem PC

Aus der Agenturpraxis

Montagmorgen, 10.00 Uhr, ein neuer Auftraggeber ist zu Besuch. Er will, dass wir nur ein wenig an den Headlines der Unternehmenswebsite schrauben. Ansonsten ist er höchst zufrieden mit dem Webauftritt. Doch nicht alle im Raum teilen seine Ansicht. In dem Moment, wo unsere Web-Texterin Maria die rechte Augenbraue hochzieht, bedeutet das so viel wie: »Ist dieser Kunde noch zu retten?«

So sieht die Website aus: Im oberen Bereich ein 08/15-Bild, sicher aus einer Fotodatenbank, darunter die Headline »Herzlich willkommen auf unserer Website!«. Es folgen ein 15 Zeilen langer Teaser-Text und ein ellenlanger Haupttext. Rechts blinkt hektisch ein Hinweis auf News, das Logo (ein stilisierter Kompass) ist irgendwo links unten platziert, und ein Impressum gibt es nicht. Selbstredend ist die Seite nicht responsiv programmiert.

In solchen Fällen bitten wir nichts ahnende Praktikanten, die Website des Auftraggebers zu öffnen. Was wir dann machen, ist kein Eye-Tracking (das überlassen wir den auf Blickverlaufsanalysen spezialisierten Agenturen), sondern die schlichte Kunst der Menschen-Beobachtung.

»Ich weiß gar nicht, was die machen. Ach so, irgendwas mit Spedition?!«

»Wo ist denn die Navigation?«

»Ich klicke auf ›Team‹ und lande bei den News.«

»Das ist mir zu viel Text, das kann ich nicht am Bildschirm lesen.«

Schon nach der ersten Aussage ist klar: Dieser Internetauftritt hat das Thema Nutzungsfreundlichkeit (Usability) nicht verinnerlicht.

»Ja, aber die ganzen schönen Texte hat doch unsere Gründerin vor zehn Jahren geschrieben«, kommt es vom erbleichten Kunden zurück. »Und die Seite hat ihre Nichte programmiert. Die hat schon als Schülerin was mit Computern gemacht.«

An dieser Stelle klären wir auf und empfehlen auch gerne mal einen Relaunch.

Drei Monate später, auf einem Unternehmertreffen. »Diese ganzen Textwüsten, das kann man heute nicht mehr machen«, höre ich unseren Auftraggeber einem Kollegen zuraunen. »Natürlich haben wir die Seite responsiv programmieren lassen. Ich habe den Leuten von der Agentur gesagt, dass sie da userorientiert rangehen müssen. Und nun ist es ganz ordentlich geworden.«

Kapitel 6

Kurz zum Thema SEO

Streng genommen widersprechen die beiden Wörter »kurz« und »SEO« einander. Zum Thema Suchmaschinenoptimierung (SEO, Abkürzung für Search Engine Optimization) finden Sie zig Meter Literatur und unzählige Beiträge im Web. Wir fassen uns kurz, denn wir wollen Sie nicht zur SEO-Expertin ausbilden. Sie sollen nur die Grundlagen für eine gute Auffindbarkeit im Web verstehen. Sehen Sie Google nicht als Gegner an, sondern freuen Sie sich darüber, dass es Google mittlerweile mehr auf gute Inhalte (Content) ankommt als auf Keyword-gespickte Texte, die in erster Linie den Suchmaschinen und erst danach den Lesern gefallen wollen. Warum wir hier meistens von Google sprechen: Es ist in Europa die wichtigste Suchmaschine. Machen Sie Google glücklich, haben Sie SEO-technisch alles erreicht. Punkt.

WIE WICHTIG TEXT IST

Die Relevanz einer Website bewertet Google anhand von über 200 verschiedenen Faktoren – aber wir legen unser Augenmerk in diesem Buch auf den Text. So funktioniert das Zusammenspiel von Google und Text: Roboter durchsuchen eine Website und »lesen« die Inhalte (den Content). Neben »Roboter« existieren auch die Begriffe »Bots«, »Spider«, »Crawler« – gemeint ist dasselbe. Sie bewerten die Inhalte, indem sie sie indexieren. Sie beachten dabei Text innerhalb eines Webdokuments und in der URL. Nun geht es darum, ob Suchanfragen und Ergebnisse zusammenpassen. Dafür wird der Index von den Suchrobotern »befragt« und die mit den Suchanfragen übereinstimmenden Webseiten-Inhalte angeboten. Jetzt merken Sie, wie wichtig gute Texte mit den richtigen Keywords sind: Sie erleichtern die Zuordnung für Google und andere Suchmaschinen. Sparen Sie also nicht an der falschen Stelle, sondern kümmern Sie sich hingebungsvoll um den Text.

Links

Sollte Sie das SEO-Fieber packen, empfehlen wir diese Webseiten zur persönlichen Fortbildung.
google.com/webmasters/learn/
komprimiertes PDF von Google: goo.gl/zeu9T8
seokratie.de/blog/
de.onpage.org/blog/
seo-book.de/

Ehrlich währt am längsten

Das größte Pfund, mit dem Sie bei Google wuchern können, ist Ihre Ehrlichkeit. Sie können sich noch so viele SEO-Tricks aufschwatzen lassen oder selbst kreativ werden – wenn Ihr Auftritt im Web nicht authentisch ist, sondern Sie sich bei den Suchmaschinen anbiedern, merkt Google mittlerweile schon schnell, dass etwas nicht stimmen kann. (Und Ihre Kundinnen verzeihen Ihnen das auch nicht.) Schlimmstenfalls nimmt Google Ihre Seite aus dem Index und damit sind Sie im Web praktisch nicht mehr auffindbar.

Sehr tröstlich: Wenn Sie sich ehrlich bemühen, die Ratschläge dieses Tatgebers zu beherzigen, werden Sie bei den Suchmaschinen automatisch gut dastehen. Also reißen Sie sich kein Bein aus »nur« der Suchmaschinen wegen. Wenn der Webauftritt Ihres Unternehmens ordentlich programmiert ist, technische Optimierungsfaktoren berücksichtigt sind, die Texte fein abgestimmt sind, der ganze Kleinkram (Buttons, Seitentitel, Descriptions, Bilder usw.) vernünftig getextet wurde, sind Sie schon außerordentlich gut.

Tipp **Die Leser zuerst**

Denken Sie immer zuerst an Ihre Zielgruppe, an die Lesenden, und danach erst an die Suchmaschine! So kommen Sie zu authentischen Texten und Inhalten. Der Wunsch, es Google und Co. recht zu machen, führt oft zu Verkünstelungen.

Nutzungsfreundlichkeit wirkt sich auf SEO aus

Suchmaschinen belohnen eine nutzungsfreundliche Seite, auf der Besucherinnen länger verweilen, sich also wohlzufühlen scheinen, und das ist ganz unabhängig von der Keyword-Dichte. Steve Krug, der Spezialist für Usability (Nutzungsfreundlichkeit), formuliert dies so:
»Wenn etwas nutzungsfreundlich ist – ganz gleich ob Webseite, Fernbedienung oder eine Drehtür –, bedeutet es, dass eine Person mit durchschnittlicher (oder sogar unterdurchschnittlicher) Fähigkeit und Erfahrung versteht, wie man das Ding benutzt, um etwas zu erreichen, ohne dass der Aufwand größer als der Nutzen ist.« (Krug, Seite 9)
Das gilt auch für Texte. Schreiben Sie so, dass der durchschnittliche Leser den Text schnell erfassen kann und er nicht mehrfach lesen oder hin- und herspringen muss, um den Inhalt zu begreifen. Lesende sollen niemals rätseln müssen. Muss die Leserin schon in der Überschrift darüber nachdenken, was mit der Bezeichnung gemeint sein könnte, ist sie schneller wieder weg, als man denkt. Damit gibt sie Google (ungewollt) die Rückmeldung, dass die Seite nicht relevant für ihre Anfrage war. Tun dies mehrere Nutzer, wird die Website in den Google-Suchergebnissen weiter unten angezeigt.

KEYWORDS

Sie gelten als einer der zentralen Faktoren bei der Suchmaschinenoptimierung und sind stets ein wenig geheimnisumwittert. Welches Keyword ist das richtige? Wie setze ich es ein? Sind zu viele davon schlecht oder gerade gut? Sie müssen keine Keyword-Expertin werden, um Ihre Texte SEO-mäßig ein wenig nach vorne zu bringen. Beachten Sie vier Schritte – so haben Sie Ihren Mitbewerbern schon eine Menge voraus (es sei denn, diese lesen auch gerade dieses Buch).

1. Fragen Sie sich und andere nette Menschen, welches Wort / welche Wörter eine Userin in die Suchmaschine eingibt, wenn sie nach dem Produkt oder Service sucht, das/den Sie anbieten.
2. Ihre Liste aus mindestens 50 Wörtern überprüfen Sie mithilfe von genialen Werkzeugen (Tools) auf die Keyword-Tauglichkeit der einzelnen Begriffe. Ein Keyword taugt etwas, wenn es über ein relevantes Suchvolumen und möglichst niedrige Konkurrenz verfügt. Den Empfehlungen der Tools können Sie beruhigt folgen.
3. Sie wählen pro Seite ein Hauptkeyword aus Ihrer Liste aus. Dies sollte auch in Title, H1 und Description enthalten sein. Weitere zugehörige Keywords, inklusive Synonyme und Wortgruppen, packen Sie in Unterüberschriften (H2 und H3) und in den Fließtext. Benutzen Sie ein Keyword nicht häufiger als dreimal innerhalb einer Wörtergruppe von 100. Für jedes Hauptkeyword sollte es auf Ihrem Webauftritt nur eine einzige Seite geben, die alle nötigen Inhalte enthält.
4. Bevor Sie sich endgültig für ein Hauptkeyword entscheiden, machen Sie die Probe aufs Exempel: Googlen Sie das gewählte Keyword und prüfen Sie, ob die Ergebnisse zu Ihrem geplanten Inhalt passen.

Das war's. Mehr nicht. Lassen Sie sich nicht verrückt machen. Investieren Sie in SEO-Profis, wenn Sie ganz oben, wo die Luft dünn wird, mitmischen wollen. Wir machen das genauso.
Tun Sie sich das bloß nicht selbst an! Ihre Energie brauchen Sie für andere Dinge.

Links

Diese Tools helfen Ihnen dabei, die relevanten Keywords zu finden und sie mit denen der Mitbewerberinnen zu vergleichen.

keywordtool.io
sistrix.de
more-fire.com
trends.google.de

Tipp **Qualität geht vor Quantität**

Es bringt nichts, mehrere Seiten über dasselbe Thema zu erstellen. Das ist für Ihre Leserinnen und für die Suchmaschinen gleichermaßen verwirrend. Huldigen Sie jedem Keyword, indem Sie nur eine einzige Seite speziell für dieses Keyword verfassen.

Descriptions

Descriptions (engl. »Beschreibungen«) sind die Textstückchen, die in den Suchergebnissen unter dem blauen Titel und vor der URL angezeigt werden. Ist eine Description länger als ca. 156 Zeichen lang (gemessen wird in Pixeln und einige Buchstaben sind größer als andere), wird sie »abgeschnitten«, meist durch … kenntlich gemacht. Hinweis: Die Description ist nur indirekt fürs Ranking relevant. Keywords werden aus der Description nicht ausgelesen und interpretiert. Allerdings werden sie im Suchergebnis fett dargestellt, wenn sie mit der Suchanfrage übereinstimmen. Aber ist die Description gut getextet, macht sie Lust, auf den Link zu klicken, erzeugt damit Traffic (Verkehr auf der Seite) und gibt der Suchmaschine die Rückmeldung, dass das Suchergebnis relevant für die Nutzerin war.

Beispiel Sie haben nach einem Brautmodengeschäft in Ihrer Nähe gesucht. Sie haben die Suchbegriffe »**Brautkleid**« und »**Königslutter**« eingegeben. Nun erhalten Sie diese Suchergebnisse:

home.meinestadt.de
»Finde Hochzeitslocation, Standesamt, Brautmode und weitere Informationen über Hochzeiten in Königslutter am Elm bei meinestadt.de.«
Aufgrund der Description, also des beschreibenden Textes, wissen Sie, dass auf diesem lokalen Markt alles rund ums Heiraten angeboten wird. Mehr wissen Sie noch nicht.

www.das-brautkleid-braunschweig.de
»Finde Dein Traumkleid, ob Vintage, Boho, Bohéme, Stylisch, Prinzessin, cool oder trendy, romantisch oder klassisch- atemberaubendende **Brautkleider** warten …«
Die Description ist hier nach 155 Zeichen abgeschnitten, es geht also eigentlich noch weiter. Was erfahren wir hier im beschreibenden Text? Es ist offensichtlich ein Brautmodengeschäft, könnte aber auch ein Online-Handel sein. Die Auswahl scheint riesig und für jeden Geschmack ist etwas dabei. Aber wir haben immer noch kein Bild von diesem Laden vor Augen.

Wie sieht es mit diesem Ergebnis aus? www.wf-hochzeitsblume.de
»09.07.2019 – **Brautkleid** Hochzeitskleid **Königslutter** Hochzeitsblume schlichter Rock mit besticktem Oberteil Schleife fließend Softtüll. von Sophie Juli 9, …«
Hier geht es ins Detail. Die Datumsangabe gleich anfangs ist ein Hinweis darauf, dass hier regelmäßig Artikel auf die Website eingestellt werden. Dieses Suchergebnis weist übrigens beide Suchbegriffe auf, denn die Macherinnen der Seite beginnen ihre Description mit einer Wörterkette – das ist gut so. Wir wissen allerdings nicht, was sich hinter den beiden Buchstaben »wf« in der URL (…) (Abkürzung für Uniform Resource Locator, gemeint ist: die Adresse im Web) verbirgt.

Und zuletzt noch dieses Ergebnis: www.kleiderhochzeit.de
»**Brautkleider**, alle Größen, für jede Figur, Abendkleider, Herrenanzüge, Blumenmädchenkleider. Tel. 123 456 899 Anprobe für die ganze Familie. Sekt für alle …«

Welche Braut möchte nicht perfekt aussehen an ihrem Hochzeitstag? Ganz egal, welche Figur sie haben mag. Auch der Bräutigam und Brautvater sind hier gut bedient. Neben der Hochzeits- gibt es auch Abendgarderobe, man denke an die Brautjungfern. Dieser Laden scheint Familiensinn zu haben, weil er gleich die ganze Sippe zur Anprobe einlädt. Und obwohl die Description abgeschnitten ist, lugt doch noch ein entscheidendes Reizwort hervor: Sekt. Offensichtlich darf man dort schon ein wenig vorglühen. Zudem ist die Telefonnummer in die Description integriert – perfekt. Einige Nutzerinnen kehren nach einer längeren Suche wieder zurück und freuen sich, dass sie sofort die Telefonnummer in den Suchergebnissen finden.

Sie sehen, wie relevant Descriptions sind. Sie locken die Suchenden auf Ihre Seite. Investieren Sie hier ein wenig mehr Zeit – es lohnt sich. Fragen Sie sich, auf welchen Link Sie geklickt hätten und warum. Bis auf www.kleiderhochzeit.de sind alles real existierende Suchergebnisse zum Zeitpunkt der Überarbeitung der ersten Auflage dieses Buches.

Seitentitel

Der Seitentitel wird häufig nur als »Titel« oder englisch »Title« bezeichnet. Er ist die Beschreibung einer Seite, sozusagen die Überschrift dessen, was Sie dort zeigen. Im Ergebnis der Suchmaschinen wird genau dieser Titel als blauer Ergebnislink angezeigt, ist also für die Leser wertvoll.
Setzen Sie eine Website, einen Blog oder vielleicht einen Shop auf, sollte jede neue Unterseite, die der User besucht, einen aussagekräftigen Titel tragen. Nutzt man diese Funktion nicht, ergeben sich lange, langweilige Seitentitel, die das System automatisch generiert. Falls Sie nicht selbst programmieren oder sich nicht so gut in Ihrem Content-Management-System auskennen, bitten Sie diejenigen, die Ihnen beim Aufsetzen der Seite geholfen haben, prägnante Seitentitel einzufügen.
Seitentitel sollten zwischen 55 und 65 Zeichen (inklusive Leerzeichen) lang sein, damit der User sie vollständig im jeweiligen Reiter unterhalb der Browserzeile erkennen kann. Deshalb: maßgebliche Infos nach vorne – inklusive Keyword! Ist der Rest des Seitentitels »abgeschnitten«, macht das nichts – Hauptsache, die relevanten Wörter stehen am Anfang des Titels.

Beispiel Margit Munster ist Inhaberin des Teegeschäfts »Margits Teestube«. Auf ihrer Unternehmenswebsite informiert sie über verschiedene Teesorten. Die meisten Sorten kann man auch online bei Frau Munster bestellen. Sie richtet eine Unterseite für den Online-Verkauf ein.

Der Seitentitel lautet: **Teestube Margit | Tee kaufen | Teeshop Margit**

Das ist im Prinzip nicht verkehrt, aber es geht noch besser:
Tee online kaufen | alle Sorten aromaverpackt | Margits Teestube

Im zweiten Beispiel wird das Wichtigste zuerst genannt, nämlich die Möglichkeit, Tee online einzukaufen. Anstelle der wenig aussagekräftigen Formulierung »Tee kaufen« aus dem ersten Beispiel wird eine wichtige Zusatzinfo gegeben: »alle Sorten aromaverpackt«. Der Kunde braucht sich nicht zu sorgen, ob der Tee auch wirklich frisch bei ihm eintrifft. Abgeschlossen wird der Seitentitel mit der korrekten Bezeichnung des Teegeschäfts von Frau Munster. So ist eine bessere Auffindbarkeit ihres Unternehmens im Web möglich.

Tipp **Titles und Descriptions selbst einpflegen**

Lassen Sie sich von Ihrer Programmiererin zeigen, an welcher Stelle im Redaktionssystem Ihrer Seite, auch CMS (Content-Management-System) genannt, sich Seitentitel und Description hinterlegen lassen.

In den kommenden Kapiteln dieses Tatgebers wird immer mal wieder von SEO die Rede sein. Wir streuen die SEO-Wissenshappen dort ein, wo es für den jeweiligen Kanal einen wesentlichen SEO-Aspekt gibt. So ist z. B. in Kapitel 17 (Shops) die Rede davon, inwiefern Produktbeschreibungen SEO-relevant sind. Sie sollten sich nämlich unbedingt von den Beschreibungen anderer Shops abheben, gerade wenn es um exakt das gleiche Produkt geht.

MINDMAP KEYWORDS

Hier fragt sich ein Buchhändler, nach welchen Begriffen seine potenziellen Kundinnen suchen könnten. Er benutzt die Methode der Mindmap, um mögliche Keywords zu identifizieren. Nachahmenswert! Später sollte er mithilfe eines Tools (z. B. Google Suggest) im Web gegenchecken, wie hoch bei den einzelnen Begriffen die Anfragen (Suchvolumen) und wie groß die Konkurrenz (Angebot) ist.

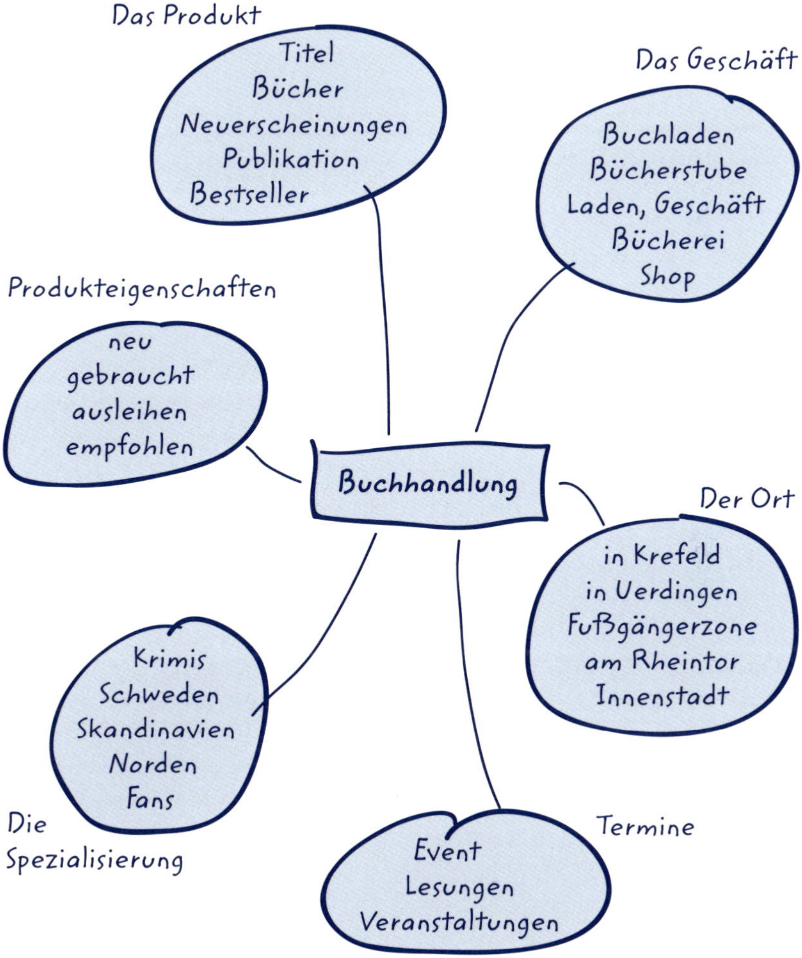

Aus der Agenturpraxis

»Hätten Sie's gewusst?«
Das ist die neue Headline für Carlo Menzis Startseite, auf der er das von ihm selbst importierte Olivenöl anpreisen wird. Diese Headline hat die Senior-Texterin Ulla geschrieben, und da wagt sich so schnell keiner ran. Außer Ines: »SEO-technisch nicht gerade das Gelbe vom Ei«, konstatiert sie in der morgendlichen Besprechungsrunde.
Ulla hält dagegen: »In der Zeile darunter ist sofort vom Olivenöl die Rede: Olivenöl aus Sizilien ist das Beste gegen freie Radikale.«
»Freie Radikale sucht kein Mensch«, fährt Ines fort.
»Nee, aber im Zusammenhang mit gesunder Ernährung ist es jeder ein Begriff. Du willst ja nur wieder deine Keywords unterbringen.«
»Klar, Olivenöl ist das Keyword, das gehört in die H1.«
»Olivenöl ist zu allgemein, das suchen alle. Meine Userinnen sollen aber den Gesundheitsaspekt vor Augen haben.«
»Schreib doch gesund anstelle von radikalen Sonstwasdingsda. Google Trends sagt, dass User nach gesund und Ernährung suchen, aber nicht nach freien Radikalen.«
(Ines immer mit ihren Google Tools.)
»Und so: ›Hätten Sie Olivenöl aus Sizilien so eingeschätzt?‹ Besser?«
Ines nickt.
»Noch besser: ›Gesundes Olivenöl aus Sizilien, Schönheit auf Bestellung‹ als H1. Als H2: ›Etwas gegen freie Radikale tun – schön und gesund mit sizilianischem Olivenöl‹.«
Ulla ist unglücklich. »Ich kann das nicht. Das klingt einfach nicht gut.«
»Aber es ist SEO-tauglich. Was braucht dein Auftraggeber?«
»Er will verkaufen, fassweise«, seufzt die Senior-Texterin und überlässt Ines das Feld.
Ulla macht sich einen Tag später an ein neues Projekt: Eine Landschaftsfotografin braucht Texte für ihren Blog. Sie will nur zeigen, nicht verkaufen. Ulla nimmt ihren Füllfederhalter und schreibt auf ein weißes Blatt Papier:
»Der Nebel steigt aus den Auen, das rostige Geländer der Rheinfähre stößt leise klappernd gegen die Kaimauer, den alten Mann und seinen Hund treffen die ersten, kupfern leuchtenden Sonnenstrahlen.«
Ein Satz ganz ohne SEO. Auf Papier. Mit Tinte. Auch mal schön.

Kapitel 7

Links, Buttons, Reiter und so weiter

Der Fließtext ist womöglich gar nicht das, was Ihnen Sorgen bereitet. Es gibt ja noch so viele Kleinigkeiten, die auch betextet werden müssen: Links, Buttons zum Download oder für andere Services, die Reiter usw. In allen Online-Kanälen werden Sie mit diesen Minitexten konfrontiert, sei es eine eindeutige Bezeichnung für ein Log-in-Feld in einem Online-Shop oder seien es die Querverweise (Links) innerhalb eines Blogs. Zum Glück machen sich schon einige Jahre lang Menschen Gedanken über die bestmöglichen Beschriftungen (Microcopy) für diese kleinen, immer wiederkehrenden Elemente. Schauen wir uns also ab, was im Web bereits gut funktioniert.

EINE URL WÄHLEN

Die URL ist die Adresse Ihres Auftritts im Web. Als Abkürzung steht sie für Uniform Resource Locator, also in etwa »einheitlicher Ressourcenanzeiger«. Vergessen Sie das wieder. Merken Sie sich nur: Eine URL ist das, was der Buchtitel für ein Buch ist, was Straße und Postleitzahl für Ihre Unternehmensanschrift sind.
Ein Buchtitel sollte nicht zu lang sein. Nun ja, es ist ja zurzeit in Mode, den Buchtitel so aussehen zu lassen, als sei er ein Zitat aus dem Fließtext: »Der Hundertjährige, der aus dem Fenster stieg und verschwand«. Aber mal ehrlich – ein knapper Titel auf dem Buchdeckel ist immer reizvoller: »Die Firma«, »Das Spiel ist aus«, »Der Schwarm«. Haben Sie es gemerkt? Einsilbige Wörter sind überdurchschnittlich einprägsam und geben einen schnellen Rhythmus vor. Haben Sie also das Glück, eine URL für Ihre Seite völlig neu aufsetzen zu können, wählen Sie etwas Kurzes.
Sie heißen Schmidt und handeln mit Fahrrädern? www.fahrrad-schmidt.de oder, falls bereits belegt, www.rad-schmidt.de wären da passend. Sie bieten Ganztagsbetreuung für Kinder von ausländischen Gastprofessorinnen an? www.prof-kids-care.de wäre nicht übel. Sie sind Inhaber eines Kosmetikinstituts in Straubing und tragen den schönen, aber mehrsilbigen Namen Meierhofer-Strubental? Macht nichts, denn so könnte Ihre URL aussehen: www.mei-schön.de oder www.mei-kosmetikinstitut.de. (Bis auf www.fahrrad-schmidt.de waren alle von mir ausgedachten Beispiel-URLs beim Überarbeiten dieses Buches noch frei.)
Wenn Sie eine URL aussuchen, sollte idealerweise auch eines der zentralen Keywords enthalten sein. Das ist oft nicht mehr möglich, weil die entsprechenden URLs schon vergeben sind. Versuchen Sie es mit einem ähnlichen Keyword. Oder Sie nutzen ohnehin eine URL, die aus Ihrem Nachnamen gebildet wird. Heißen Sie nicht gerade Müller, wird eine solche URL meist frei sein.

Tipp **URL überprüfen**

Ob eine URL bereits vergeben ist, können Sie ganz schnell bei www.denic.de nachschauen. Dort geben Sie im Suchfeld Ihre Wunsch-Domain ein und erhalten sofort Rückmeldung. Nicht verzagen, wenn Ihre geplante Domain vergeben ist. Meist finden sich gute Alternativen.

FUNKTIONSELEMENTE BETEXTEN

Ihre Leserinnen sind ein Rudel von Gewohnheitstieren. Sie möchten Elemente aus dem Web wiedererkennen, und zwar schnell. Ein Menüpunkt soll wie ein Menüpunkt aussehen, ein Button wie ein Button – und die Bezeichnungen sollen eindeutig sein. Gerade diese kleinen Texthäppchen, die mit den gestalteten Elementen wie Buttons, Reiter und Formularen zusammen funktionieren müssen, sollten sorgfältig formuliert sein. Heißt es Log-in oder Einloggen oder Anmelden oder Eingang oder MyShop oder Tanjas Shop (im allerschlimmsten Fall »Tanja's Shop«)? Entscheiden Sie sich für diejenige Bezeichnung, die am häufigsten vorkommt. Das sofortige Erkennen ist für den User immer wertvoller als das Schmunzeln über eine witzige Bezeichnung. Microcopy soll die Nutzungsfreundlichkeit verbessern und Klarheit schaffen.

Lieber nicht	**Besser so**
Paradiespforte	Log-in
Poststelle	Nachricht senden
Einer von uns werden	Registrieren

Arbeiten Sie mit Grafikdesignerinnen zusammen, so werden Sie schnell merken, dass sich manche von ihnen gegen Konventionen wehren. Natürlich gibt es viel schönere, ungewöhnlichere visuelle Lösungen als die, die Sie im Namen der Nutzungsfreundlichkeit von ihnen verlangen. Aber an dieser Stelle dürfen Sie ruhig der Langweiler sein und auf einer unspektakulären Variante bestehen.

Menüpunkte betexten

Kurz ist gut – aber es gibt Ausnahmen! Bei Menüpunkten soll unzweifelhaft deutlich werden, was die Userin erwartet, wenn sie daraufklickt. Und da darf die Benennung schon mal über ein Wort hinausgehen. Generell gilt: Nicht zu viele Menüpunkte einrichten; das überfordert und frustriert die Besucher schnell.

Beispiel Natürlich sind folgende Beispiele kontextabhängig. Wir stellen jeweils in einem Satz einen möglichen Kontext vor.

Anbieter für Buchhaltungssoftware; der Menüpunkt soll Informationen über die digitale Buchhaltung enthalten.

Lieber nicht	Besser so
Einführung	Einführung Online-Buchhaltung

Portal für Mitfahrgelegenheiten; der Menüpunkt soll alle Angebote nach Abfahrtszeiten zeigen.

Lieber nicht	Besser so
Los gehts	Abfahrten

Online-Shop für Herrenhemden; der Menüpunkt soll zeigen, wie der Kunde die passende Größe für sein Hemd bestimmen kann.

Lieber nicht	Besser so
Größen	Größe finden

Verkauf von Konzerttickets; der Menüpunkt listet die Künstlerinnen auf, zu deren Veranstaltungen aktuell Tickets verkauft werden.

Lieber nicht	Besser so
Idole	Künstler:innen Saison 2021/22

Links betexten

Links erfüllen verschiedene Funktionen: Sie können ein Anreiz sein, zu einem bestimmten Thema mehr und detaillierter zu lesen. Sie können auf andere Elemente verweisen wie Videos, Downloads, Pressemitteilungen. Links können innerhalb des eigenen Kanals zu wissenswerten Informationsbereichen führen. Oder nach außen verlinken, also zu anderen Webseiten, Portalen oder zu sozialen Netzwerken führen. Kurzum: Links sind die Knotenpunkte des großen, allumspannenden Informationsnetzwerks: des World Wide Web, kurz: Web. Nutzen Sie diese Knotenpunkte, denn dafür ist das Web ja gedacht: weg vom linearen, chronologischen Aneignen von Informationen und hin zum Hin-und-Herspringen zwischen unzähligen Themenbereichen. Mehr Karteikarte, weniger Buch.
Die Web-Knotenpunkte müssen mit Bedacht gewählt werden. Der User ist enttäuscht, wenn ein Link auf eine langweilige oder irrelevante Seite oder gar ins Leere führt (Error #404, page not found). Bedenken Sie auch, dass Menschen, die nicht online-affin sind, beim Klicken auf Links vorsichtig sind. Die amerikanische Spezialistin für Web-Texte Janice Redish nennt sie die *cautious clickers*, die vorsichtigen Klicker. Sie scheuen sich davor, jeden beliebigen Link anzuklicken und zu probieren, ob dies der richtige oder ein interessanter Weg ist. Sie sind zudem schnell frustriert, wenn sie wieder umkehren müssen. Ganz anders als die jungen, mit dem Internet groß gewordenen *digital natives*, die digitalen Ureinwohnerinnen. Die probieren viel aus und haben keine Scheu davor, sich durchzuklicken. Allerdings sind sie gnadenlos, sollte sich eine Seite als nicht gut navigierbar erweisen.
Nicht nur inhaltlich sollten Sie den Links höchste Aufmerksamkeit widmen. Es ist auch wichtig, wie Sie sie bezeichnen. Wer es sich einfach macht, kopiert die entsprechende URL aus der Browserzeile und setzt diese oft lange Kombination aus Buchstaben und Zeichen in den Text ein. Das sieht nur leider nicht gut aus und raubt Ihnen zudem Platz. Benutzen Sie lieber ein oder mehrere Wörter, die auf die gewünschte URL verlinken. Ein verlinktes Wort sollte immer klar beschreiben, was den Leser nach dem Klick darauf erwartet. Bei verlinkten Aufforderungen wie »Jetzt mehr erfahren« oder »Hier entlang« weiß er nicht genau, was ihn erwartet.

(Und für die SEO-Freaks unter Ihnen: Sogar der Link-Text wird von den Suchmaschinen interpretiert – und da sind die zigtausend »Hier«-Links, die es im Web gibt, nicht zielführend. Durch gute Link-Texte, auch »Ankertexte« genannt, können Sie also auch in der SEO punkten. Im Idealfall benutzen Sie als Ankertext das Hauptkeyword des Zielartikels.)
Setzen Sie, wenn irgend möglich, den Link ans Ende eines Satzes oder Absatzes. Der Lesefluss gerät ins Stocken, wenn gleich am Anfang eines Satzes oder Absatzes ein Link leuchtet, der angeklickt werden möchte. Die Wahrscheinlichkeit, dass auch der Rest Ihrer mit Schweiß und Tränen formulierten Textstücke gelesen wird, sinkt mit jedem Link, den Sie zu früh platzieren.

Lieber nicht	**Besser so**
Unter https://www.autoverleih-mueller.de/tarife/weekend/fahrer_unter_21 finden Sie die Details für junge Fahrer:innen, die eine Spritztour mit einem Mietwagen am Wochenende machen möchten.	Schauen Sie nach den Wochenend-Mietpreisen für Autofahrer:innen unter 21.
Unsere rahmengenähten Schuhe werden in Italien gefertigt. > Mehr.	Die rahmengenähten Schuhe werden in Italien gefertigt. Unsere Produktion in Perugia gibt es seit 12 Jahren.
Der Personalrat ruft zur Vertreterwahl auf. Klicken Sie hier für mehr Informationen.	Am 24. April 2017 ist Vertreter:innenwahl. Der Personalrat hat für Sie eine Kandidat:innenliste zusammengestellt.

Der Seitentitel sollte dem verlinkten Wort entsprechen. Haben Sie das Wort »Kandidat:innenliste« verlinkt, sollte der Link auf eine Seite mit der entsprechenden Auflistung von Namen führen. Und so sollte die Seite auch heißen: www.personalrat.de/kandidat-innenliste.

Häufig finden sich im Web kurze »Regieanweisungen«, die verlinkt sind. Auch da kommen wir unseren Lesenden entgegen, wenn wir sie spezifischer betexten. So weiß jede, was sie erwartet, und fühlt sich als selbstbestimmte Nutzerin des Internets ernst genommen.

ANWEISUNGEN INNERHALB EINES SHOPS FÜR KLEINGERÄTE

Lieber nicht	Besser so
next	next: Tintenstrahldrucker
nächste/r	nächste/r: Druckerzubehör
vorherige/r	vorherige/r: Druckerpapiere
nach oben	nach oben: meistverkaufte Laserdrucker

Einheitliche Menüpunkte und Buttons

Eigentlich wollen wir ja immer abwechslungsreich schreiben (↗ Kapitel 3). Eigentlich. Und nun ermuntere ich Sie, sich an ewig gleichlautende Begriffe zu halten. Ein Log-in ist ein Log-in und nicht plötzlich eine Anmeldung. Eine Website bleibt eine Website und ist nicht hier ein Internetauftritt und dort eine Corporate Site. Es gibt gerade in der digitalen Welt reichlich Begriffe, die dasselbe oder Ähnliches bedeuten. (Logo, es gibt sie ja auch nicht so lange, die digitale Welt.) Schreiben Sie fürs Web, genauer: für Ihre Website, Ihren Blog, Ihren Online-Shop, legen Sie sich auf immer wiederkehrende Bezeichnungen fest. Das klingt eintönig, ist aber enorm hilfreich für alle, die Ihre Seite besuchen. Nichts ist verwirrender, als auf der Startseite die »News« im Menü angeboten zu bekommen, auf der Unterseite ist aber von »News« nicht mehr die Rede, sondern von »Aktuelles«. Und noch ein paar Seiten weiter heißt es plötzlich »Presse«. Sind das drei verschiedene Kategorien oder ein und dieselbe? Die Leserin soll sich genau solche Fragen möglichst nicht stellen müssen.

Beispiel Ein bisschen Auswahl darf sein. Wir stellen Ihnen hier Wörtergruppen zusammen, aus denen Sie sich jeweils einen (nur einen!) Begriff auswählen, den Sie durchgehend benutzen. Sollten Sie noch andere Begriffe finden – wunderbar! Schreiben Sie uns eineNachricht an clever-texten@text-vanlaak.de oder besuchen Sie den Blog zum Buch clever-texten-fuers-web.de und hinterlassen Sie einen Kommentar.

News	Geschichte	Log-in
Neuigkeiten	Historie	Anmelden
Aktuelles	Hintergrund	Einloggen
Presse	Entstehung	Registrieren
Blog	Über	Mitglied werden
		Mitmachen
Jobs	Über uns	
Karriere	Über	Hilfe
Stellenangebote	Das Unternehmen	Fragen
Bewerben	Die Menschen	FAQ
	Team	Häufig gestellte
	Die Idee	Fragen
Leistungen		Support
Services		
Produkte	Buchen	
Angebot	Reservieren	
Portfolio	Bestellen	

Tipp **Besuchte Links**

Sagen Sie Ihrem Programmierer, er soll Links kenntlich machen, die von den Besucherinnen der Seite bereits angeklickt wurden. Hat der Leser einen Link schon einmal weiterverfolgt, sollte dieser eine andere Farbe annehmen. So weiß er immer, welche Räume im Web er bereits betreten hat.

FORMULARE

Gerade im Web kann man es der Userin leicht machen, Formulare auszufüllen. Manche Felder können bereits vorausgefüllt sein oder kurze Anweisungen enthalten. Oder der Nutzer muss nur ein Feld anklicken, mit der Eingabe beginnen, und der Rest wird durch Autovervollständigung ergänzt. Vertippt er sich, geht das Löschen schnell. Leute, die das Ausfüllen von gedruckten Formularen hassen, könnten das Ausfüllen von Ihren Online-Formularen lieben lernen. Vorausgesetzt, Sie legen sie userinnenfreundlich an.

Ein paar Grundregeln müssen Sie verinnerlichen. Dann kann eigentlich nichts mehr schiefgehen.

1. Beschränken Sie sich auf so wenige Felder wie möglich. Die Meinungen gehen unter Usability-Experten auseinander, was die Anzahl der Felder betrifft. Nach unserer Erfahrung ist alles zwischen drei und zehn Feldern in Ordnung. Überlegen Sie bei jedem Feld, ob Sie selbst diese Infos rausgeben würden. Achten Sie auch auf den Grundsatz der europäischen Datenschutzgrundverordnung (DSGVO): Sie sollten nur genau so viele Daten erheben, wie Sie benötigen, um die gewünschte Dienstleistung erbringen zu können.
2. Beschriften Sie die Felder möglichst mit nur einem verständlichen Wort. Bei Anleitungen benutzen Sie den Infinitiv. Wo technisch möglich, lassen Sie das System die Felder ergänzen, während die Userin hineinschreibt, z. B. bei Adressen. Das System kann hier direkt eine Straße oder Postleitzahl vorschlagen, sobald die ersten Buchstaben getippt wurden.
3. Bleiben Sie im Dialog: Fragen Sie, ob alle Daten korrekt erfasst wurden bzw. weisen Sie freundlich darauf hin, wenn ein Feld falsch oder gar nicht ausgefüllt wurde. Erklären Sie die nächsten Schritte. Achten Sie auf eine grafisch ansprechende Lösung, z. B. in Form von Feldern, die sich farblich voneinander absetzen.

Lieber nicht	Besser so
Adresse	Lieferadresse
User-ID	Ihre Kund:innennummer
rot umrandetes Feld bei falschem Eintrag ohne Text dazu	Da fehlt noch etwas. Bitte füllen Sie das rot umrandete Feld aus.
Titelauswahl	Titel auswählen
Prüfung Verfügbarkeit	Verfügbarkeit prüfen
Angabe Lieferung	Lieferart angeben
Abschluss Bestellung	Abschicken

Links

Auf diesen Websites finden Sie übersichtliche Formulare mit klaren Anweisungen:
Recruiting-Unterseite: jobs.hunkemoller.com
Nichtregierungsorganisation (NGO): change.org (eine Petition starten)
Möbelriese: frag-ikea.de
Nachrichtenredaktion: krautreporter.de

SCHEMA FÜR EIN UNKOMPLIZIERTES BESTELLFORMULAR

In der Grafik sind die jeweils aktuellen Schritte markiert. Der Nutzer weiß immer, wo er sich befindet.

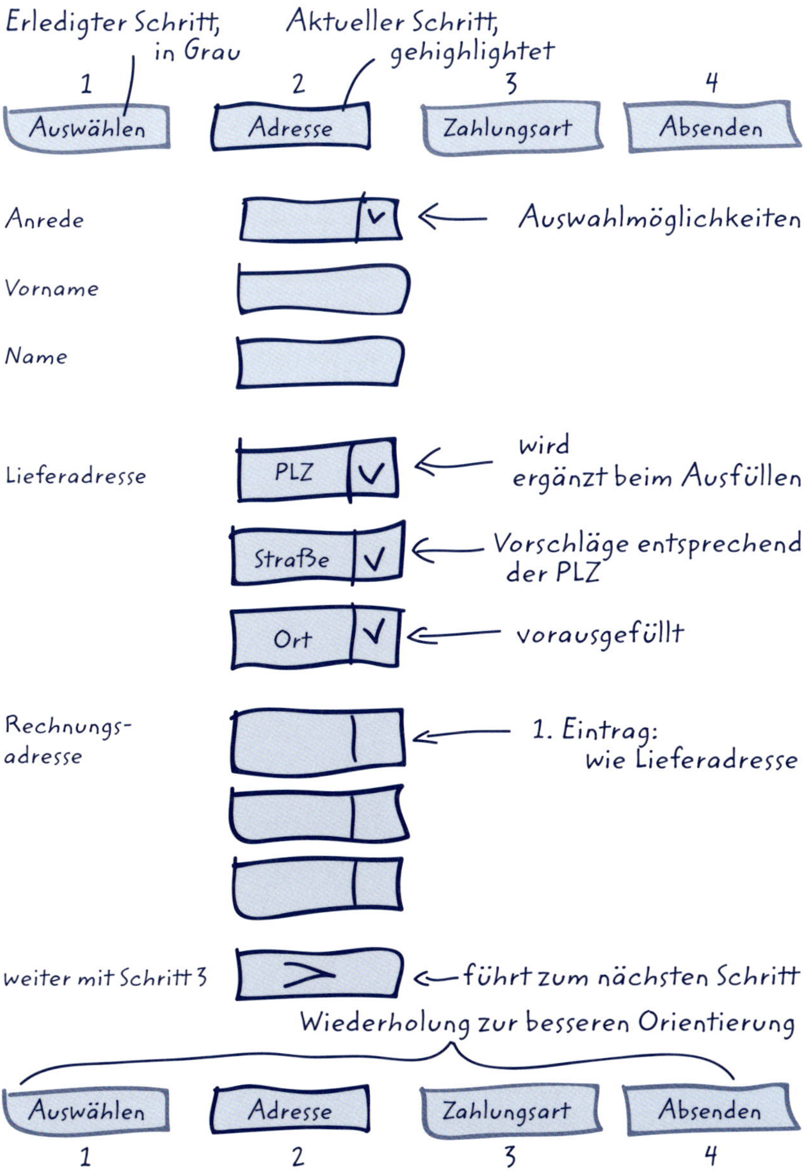

Öfter mal den Hausmänner-Test machen

Wenn Sie sich nicht sicher sind, ob Ihr Bestellformular für die Besucher Ihrer Seite funktioniert, lassen Sie einfach mal die Kollegin, Freund, Vater, die Mutter oder Nichte ran. Einfache Usability-Tests (früher gerne als »Hausfrauen-Test« bezeichnet) zeigen blitzschnell und verlässlich, wie sich User auf der Seite zurechtfinden. Beobachten Sie Ihre Testperson genau, wenn sie sich durch einen Bestell- oder Anmeldeprozess hangelt. Lassen Sie sie laut denken und ihre eigenen Aktionen kommentieren. Wenn Sie merken, dass mehrere Personen an einem bestimmten Punkt ins Stocken geraten, sollten Sie sich diesen noch einmal genauer anschauen. Manchmal ist es nur die Bezeichnung, die Ihren User verwirrt.

Hier schaffen Tools wie Google Suggest oder Google Trends Abhilfe. Mit diesen Tools finden Sie heraus, welche Begriffe zurzeit am häufigsten gesucht werden. Sie wissen sehr schnell, mit welchen Wörtern Ihre Userin vertraut ist – nutzen Sie diese!

Aus der Agenturpraxis

Eine unserer Auftraggeberinnen aus der Hotellerie-Branche möchte ihre Stammgäste befragen; wir entwerfen einen Online-Fragebogen. Unser Team liebt das besagte Hotel, wir waren mehrfach dort und haben Text-Workshops veranstaltet. Mit kreativem Feuereifer machen wir uns an die Arbeit.

»Wir befragen die Gäste erst einmal, wie zufrieden sie mit ihrem Leben insgesamt sind, bevor sie den Hotelaufenthalt bewerten.«

»Spinnst du? Bist du auf dem Esoterik-Trip oder was?«

»Moment, nicht schimpfen. Vielleicht so: Wir fragen sie nach ihrem letzten Aufenthalt und ob es ihnen danach besser ging?«

»Das ist doch keine Entzugsklinik! Das ist ein Hotel!«

»Doch, die entziehen dir den Alltagsstress.«

Nach zwei Diskussionsvormittagen stehen die Fragen endlich fest. Sie sind im Vergleich zum ersten Brainstorming ziemlich öde. Malte muss nun alles grafisch umsetzen. Er findet eine klare Linie, die bei fast jeder Frage funktioniert. Wir machen ihn darauf aufmerksam, dass an manchen Stellen wegen des Inhalts das Schema durchbrochen werden muss.

»Das passt nicht mehr zum übrigen Style«, muckt Malte auf.

Wir insistieren und wissen, dass er als Grafikdesigner jetzt tapfer sein muss. Nein, nicht alles ist konsistent. Aber wie schon Krug in seinem Standardwerk über Usability (Nutzungsfreundlichkeit) meint: »Wenn es dadurch klarer wird – warum nicht?« (Krug, 2014)

Malte fügt sich. Als wir die finale Version als Papierausdruck von ihm bekommen, fällt uns etwas auf: Es gibt ein kleines Icon, das in den früheren Fassungen nicht auftauchte. Es ist dieser charmant-altmodisch anmutende Fingerzeig, wobei die Hand des Besserwissers aus einer angedeuteten Hemdmanschette ragt. Malte hat das kleine Zeichen überall dort eingesetzt, wo das Layout seiner Meinung nach vom Grundmuster abweicht.

Er kann es nicht lassen, denken wir. Gut, lassen wir ihm seinen Spaß. Er muss es sowieso wieder rausnehmen, sobald die Korrekturschleife von der Kundin kommt.

Am nächsten Tag meldet sich die Hoteldirektorin: »Der Online-Fragebogen ist Spitze. Besonders gut gefällt uns dieser Zeigefinger. Wir geben alles so in die Programmierung.«

Wie schreibe ich für welchen Kanal?

Gute Web-Texte sind keine Vorlesung über das eigene Unternehmen, sondern beantworten die Fragen der Nutzerinnen.

Kapitel 8

Die Unternehmenswebsite

Was hat das Web nicht alles verändert! Web-Nutzer sind viel selbstbewusster und ungeduldiger als die Generation, die ohne Internet auskam, sich von Radio und Fernsehen beschallen ließ und ausschließlich Gedrucktes las. Die herkömmlichen Medien senden Informationen an Empfängerinnen aus, in den digitalen Medien ist es eher andersherum: Die Nutzer ziehen sich die Informationen, die sie haben wollen. Wir sprechen bei den klassischen Medien von »Push-Technologien« (vom englischen *push*, »drücken, schieben«) und bei den digitalen Medien von »Pull-Technologien« (vom englischen *pull*, »ziehen«). Wenn sich Nutzerinnen also Informationen von Ihrer Unternehmenswebsite holen (ziehen) wollen, sollten Sie zusehen, dass Sie ihre Bedürfnisse ruckzuck befriedigen. Sonst sind sie schnell wieder weg. Nicht umsonst heißt es: Die Konkurrenz ist nur einen Klick entfernt.

PRINT VERSUS WEB

Die Unternehmenswebsite ist das Herzstück Ihrer Selbstdarstellung im Web. Bevor Sie an Ihrer digitalen Visitenkarte feilen, machen Sie sich noch einmal die Unterschiede zwischen Print und Web bewusst: Das Web hat das Verhalten der Lesenden enorm beeinflusst. Während der gedruckte Text den Lesenden mehr oder weniger vorgibt, wie sie lesen sollen, ist es ihnen in den digitalen Medien weitgehend freigestellt. Aber es gibt noch viele andere Unterschiede, die Auswirkungen auf Ihren Umgang mit WebTexten haben. Man könnte fast sagen: Print ist der feste Aggregatzustand, Web der flüssige. Die folgende Tabelle (nach Price, Seite 64 f.) stellt die Eigenschaften der beiden Publikationsformen gegenüber.

PRINT VERSUS WEB

Print	Web
Text steht auf Papier, und das muss erst einmal bedruckt werden. In der Regel brauchen Sie Dienstleister (Gestalter, Druckerinnen), um Text auf Papier zu bringen.	Jede kann sofort Text ins Web einstellen. Sie sind auf niemanden angewiesen, um Text ins Web zu stellen. Denken Sie z. B. an die Kommentarfunktionen im Web.
Ist der Text erst einmal gedruckt, können Fehler nicht mehr rückgängig gemacht werden. (Eine schmerzvolle Erfahrung, wenn sich im Titel einer Imagebroschüre, Auflage 12 000 Exemplare, ein Buchstabendreher findet.)	Fehler können spielend leicht korrigiert werden.
Der Text steht für etliche Jahre auf dem Papier, wird gebunden, womöglich in Bibliotheken gesammelt.	Texte kommen und gehen. Verlassen Sie als Leser die Webseite, wird der eben gelesene Text morgen womöglich nicht mehr da sein.
Das Buch hat Seitenzahlen. Sie wissen, wie lang die Texte sind.	Sie wissen nicht genau, wie viel Text auf der Webseite ist, die Sie gerade besuchen.
Sie können das Buch anfassen (analog).	Sie können den Text nur anschauen (digital).

Sie hüpft, die Leserin

Der Online-Leser liest nicht linear wie in einem Buch, sondern springt von Information zu Information. Daher sollten unterhaltende Momente an allen Ecken lauern. Für den perfekten Mix gibt es das treffende englische Wort Infotainment (*information* = Information plus *entertainment* = Unterhaltung). Bei dieser Mischung kommt es auf ein ausgewogenes Verhältnis zwischen Fakten und Unterhaltsamem an. Erinnern Sie sich selbst immer daran, wie kritisch die Leserinnen heute sind. Respektieren Sie das Bedürfnis des Lesers nach kluger Information und guter Unterhaltung.
Halten Sie sich auch vor Augen, dass immer häufiger mobile Geräte genutzt werden. Die meisten Ihrer Leserinnen starren auf kleine Smartphone-Bildschirme, im besten Fall auf den Monitor eines Tablets. Versorgen Sie also den Leser mit kleinen Texthäppchen. Erklären Sie z. B. einen Ablauf, schreiben Sie keine mehrzeilige Anweisung, sondern definieren Sie lieber drei bis fünf Schritte, am besten sogar grafisch dargestellt. Es ist übersichtlicher, sich durch diese Schritte zu lesen als eine ganze Gebrauchsanweisung durchackern zu müssen. (Für das Konzipieren von Formularen lesen Sie am besten nach in Kapitel 7.)

WAS WILL DIE USERIN AUF IHRER UNTERNEHMENSSEITE?

Interessiert sie die Geschichte Ihrer Autowerkstatt? Will sie wissen, warum Ihr Büro umgezogen ist? Möchte sie einen Willkommenstext lesen, bevor Sie ihr zeigen, welche Produkte Sie zu welchem Preis für sie bereithalten? Die Antwort lautet: dreimal »Nein«. Gute Web-Texte sind keine Vorlesung über das eigene Unternehmen, sondern beantworten die Fragen der Nutzer. Sie müssen also

1. Ihre Nutzerinnen kennen,
2. die besten Seiten Ihres Produkts, Ihrer Dienstleistung im Schlaf aufsagen können,
3. wissen, warum die Besucher Ihrer Seite genau dieses Produkt kaufen möchten, also welche Eigenschaft Ihres Produkts oder Services für sie die wertvollste ist.

Beispiel Katrin Karmann hat vor zehn Jahren ihren Friseursalon eröffnet. Sie hatte bisher nur eine kleine Website und möchte nun ein professionelles Termin-Management mit Online-Buchung einführen. Dazu lässt sie die ganze Website neu aufsetzen – selbstverständlich responsiv programmiert. (Was responsives Webdesign ist, lesen Sie in Kapitel 5, Seite 68 f.)

Sie kennt die Nutzerinnen der zukünftigen Website des Salons: Es sind gut situierte Frauen und Männer, zwischen 40 und 60 Jahre alt, sie stehen im Berufsleben und haben wenig Zeit. Sie lieben das Besondere, wollen aber keine Experimente in Sachen Frisuren machen. Mit Fug und Recht kann Frau Karmann behaupten, ihre Kunden zu kennen. Damit ist die erste Frage beantwortet (1).

Nun zur besten Seite ihrer Dienstleistung: Kontinuität beim Personal. Jede Kundin hat bei ihr ihren persönlichen Hairstylisten. Man wird sozusagen gemeinsam alt. Es gibt zudem ergänzende Services, die die Zeit beim Friseur nicht verlängern, sondern anreichern (Maniküre, Augenbrauen färben usw.). Dazu muss der Kunde keinen extra Termin vereinbaren, sondern kann sich spontan dazu entscheiden, wenn er sowieso schon im Salon ist. Diese besten Seiten ihres Salons kann Frau Karmann im Schlaf aufsagen (2).

Ihren Kunden ist eine hohe Terminflexibilität wichtig. Sie wollen auf ihrem Smartphone online buchen und den Termin auch verschieben können. Sie wollen nicht anrufen und in einer Telefonschleife hängen. Sie wollen nicht gefragt werden »Zu wem wollen Sie?«, sondern schnell die treue Friseurin anklicken, bei der sie seit drei Jahren sind. Die Kunden besuchen die Website, um bequem Termine buchen zu können. Frau Karmann weiß also, was der Kunde, der auf ihre Unternehmenswebsite geht, am meisten schätzt (3).

Wenn sie das jetzt alles weiß, wird Frau Karmann auf ihrer Startseite nicht mit »Neue Trend-Haarfarben« beginnen, sondern lieber mit »Hier bequem Ihren Wunschtermin buchen«. So einfach ist das. Alles andere ist nachgeordnet.

ELEMENTE EINER UNTERNEHMENS-WEBSITE

Die typischen Menüpunkte

Was ist das Mindeste, was die Besucherin einer Unternehmenswebsite erwarten darf?

1. eine Information über das Unternehmen, das sie vor sich hat: Menüpunkt »Über uns« oder »Team«
2. eine Übersicht über die Produkte und/oder Services: Menüpunkt »Angebot« oder »Leistungen«
3. die Möglichkeit, in Kontakt zu treten: Menüpunkt »Kontakt« und/oder »Anfahrt«
4. die Gewissheit über den Absender/Inhaber des Webauftritts: Menüpunkt »Impressum«, häufig gemeinsam mit »Datenschutzerklärung«

Das ist das Mindeste. Natürlich kann das wunderbar erweitert werden um »Aktuelles«, »Social Media«, »Was Kunden sagen« usw.
Die Bezeichnungen, die wir hier für die Menüpunkte gewählt haben, können Sie ersetzen durch Begriffe, die für Ihr Business besser passen. Statt »Angebot« vielleicht »Alle Maßhemden« usw. Mehr Auswahl an Begriffen finden Sie in Kapitel 7. Lassen Sie sich aber nicht dazu verleiten, Ihr Menü mit zu vielen Punkten zu füllen. Denken Sie in groben Oberkategorien. Die lassen sich dann weiter unterteilen (z. B. »Angebot« mit den Unterkategorien »Maßhemden«, »Maßhosen« und »Änderungsservice«).
Bleiben wir zunächst bei den Mindestanforderungen.

1. **eine Information über das Unternehmen: Menüpunkt »Über uns« oder »Team«**
   Sparen Sie sich das »Herzlich willkommen« auf Ihrer Website. Sagen Sie lieber in einem Satz, was Sie anbieten und was Sie außergewöhnlich macht. Möchten Sie in die Tiefe gehen, richten Sie den Menüpunkt »Über UNTERNEHMENSNAME« ein und erzählen Sie ein wenig mehr über sich. Am besten in Form einer kleinen Geschichte (↗ Kapitel 18).
2. **eine Übersicht über die Produkte und/oder Services: Menüpunkt »Angebot« oder »Leistungen«**
   Was genau kann die Nutzerin bei Ihnen kaufen bzw. tun? Das ist nach meiner Erfahrung der wesentliche Punkt. Klingt hart, ist aber wahr:

Können Sie sich an dieser Stelle nicht verständlich machen, benötigen Sie eine generelle Beratung zu Ihrem Geschäftsmodell.

3. **die Möglichkeit, in Kontakt zu treten: Menüpunkt »Kontakt« und/oder »Anfahrt«**
   Wo findet man Sie überhaupt? Gibt es Sie nur virtuell oder auch anfassbar? Geben Sie Ihren Nutzern entsprechende Informationen, damit sie Sie als authentisch wahrnehmen.
4. **die Gewissheit über die Absenderin/Inhaberin des Webauftritts: Menüpunkt »Impressum«, häufig gemeinsam mit »Datenschutzerklärung«**
   Allein aus juristischen Gründen brauchen Sie unbedingt ein vernünftiges Impressum. Es gibt »Abmahn-Kanzleien«, die sich darauf spezialisiert haben, Seiten im Web mit fehlenden oder falschen Impressen aufzuspüren und abzumahnen. So moralisch fragwürdig Ihnen das vorkommen mag – Sie wollen nicht zu denen gehören, die plötzlich eine solche Abmahnung im Postkasten finden.
   Das Impressum muss von jeder (jeder!) Unterseite Ihres Webauftritts mit einem Klick erreichbar sein. Es muss die gängigen juristischen Formulierungen enthalten. Falls Sie Daten von Ihren Nutzern erheben, z. B. weil Sie Formulare ausfüllen lassen, muss eine Datenschutzerklärung mit auf die Seite.

Tipp **Impressum und Datenschutzerklärung generieren**

Den juristisch wasserdichten Wortlaut eines Impressums können Sie auch selbst erstellen: impressum-generator.de/ oder juraforum.de/impressum-generator/. Eine Musterdatenschutzerklärung können Sie auf e-recht24.de/muster-datenschutzerklaerung.html erstellen. Erheben Sie häufig und regelmäßig Daten, benötigen Sie womöglich eine Datenschutzbeauftragte. Dazu können Sie sich auf datenschutzexperte.de schlaumachen.

Beispiel Frau Mönch und Herr Ismail betreiben das Nachhilfeinstitut Life-Learning. Sie beachten die Mindestanforderungen an ihren Webauftritt:

Auf der Startseite liest man den Satz: »Life-Learning ist ein unabhängiges Lern-Institut für Kinder, deren Muttersprache nicht Deutsch ist.« – Eine Besonderheit ihrer Seite ist die Mehrsprachigkeit. Es gibt neben der Menüzeile vier kleine Icons (Symbole), die für die Sprachen Arabisch, Farsi, Französisch und Englisch stehen. Im Menüpunkt »Über uns« heißt es in den ersten Sätzen: »Haben Sie während Ihrer Schulzeit auch Nachhilfe bekommen? Wenn gezielt außerschulisch gefördert wurde, konnte so manches Klassenziel doch noch erreicht werden und blaue Briefe wurden abgewendet. Kinder mit nicht deutscher Herkunftssprache haben es jedoch noch viel schwerer. Sie müssen sich in ihrem Leben in mindestens zwei Sprachen zurechtfinden und …«

Frau Mönch und Herr Ismail vermitteln eine klare Vorstellung von ihren Produkten und Services. Unter dem Menüpunkt »Nachhilfe« finden sich vier Felder: Crashkurs Deutsch, Fit für den MSA, Fit für die Oberstufe, Deutsch für Kinder (anerkannt als Integrationskurs). Dazu gibt es jeweils ein anregendes Bild und einen kurzen Text.

Unter »Kontakt« öffnet sich ein schön gestaltetes Formular, das mit fünf Feldern nicht überfordert, sondern einlädt, sich mit Life-Learning näher zu befassen. Dort wird unter anderem gefragt, was das individuelle Lernziel der Person ist, um die es geht. Eine der Fragen lautet: Möchte der Schüler / die Schülerin die Allgemeine Hochschulreife (Abitur) erlangen? Ferner gibt es die Anschrift, eine kleine Anfahrtsskizze und die Information zu Parkmöglichkeiten und öffentlichen Verkehrsmitteln.

»Life-Learning« verlinkt auf jeder Seite zum »Impressum«. Der Link führt zu einem klassischen Impressum mit den Angaben zu den Inhaberinnen, der Steuer-ID und so weiter. Die Datenschutzerklärung versichert dem Nutzer, dass seine Daten, die er im DSGVO-konformen Online-Formular hinterlassen hat, geschützt sind. Frau Mönch und Herr Ismail sind sich dessen bewusst, dass geflüchtete Menschen äußerst vorsichtig sind, Daten von sich und/oder ihren Kindern preiszugeben, weil dies Auswirkungen auf ihren Aufenthalt haben könnte.

Headlines schreiben

Headlines, also Überschriften, sind der Kern Ihrer Web-Texte. Sie müssen sorgfältig komponiert sein, denn sie werden vom Nutzer zuerst gelesen. Zudem sind sie suchmaschinenrelevant und sollten möglichst weit vorne das Hauptkeyword enthalten.
Headlines folgen einer bestimmten Hierarchie: Der Seitentitel (er erscheint oben in der Browserzeile) wird von den Suchmaschinen am höchsten bewertet; danach folgt die erste Überschrift, die sogenannte H1 (H von Headline). Die nächstkleinere Überschrift, z. B. eine Zwischenüberschrift, ist die H2. Ab H4 nimmt die Relevanz deutlich ab. Fokussieren Sie also auf H1 und H2. Nutzen Sie unterschiedliche Schriftgrößen und ggf. Hervorhebungen in fett, um die Bedeutung der Headlines voneinander unterscheidbar zu machen. In den meisten CMS (Content- Management-System, Redaktionssystem) können Sie die Formatierung der Headline automatisiert wählen (↗ Kapitel 5).

Beispiel Sie sind Inhaberin einer kleinen Reisebuchhandlung. Sie wollen es den großen Filialisten zeigen und punkten nicht nur mit einem ausgefallenen Sortiment an Reiseführern und speziellem Service (z. B. einer Kooperation mit dem Outdoor-Laden nebenan), sondern auch mit einer gut gemachten Website. Den Headlines widmen Sie Ihre ganze Energie.

Als H1 formulieren Sie eine Kernbotschaft – inklusive zentrales Keyword: **Jeder Reiseführer ist eine Persönlichkeit. Wie Sie.**

Die H2 zeigt an, welchen Inhalt (Content) Ihr Leser erwarten darf. Auch in der H2 bringen Sie möglichst ein weiteres Keyword unter: **Unsere Bestseller-Empfehlung: Outdoor-Legende Regina Schneeberg liest**

Oder Sie verknüpfen das heiß geliebte Keyword mit einem Verb; das klingt häufig weicher: **Endlich: Lonely Planet Georgien eingetroffen**

Formulieren Sie eine Headline als Frage, wenn es wahrscheinlich ist, dass Ihr Nutzer mit einer Frage auf Ihre Website kommt: **Reiseliteratur nach Hause liefern? Wir machen das.**

Finden Sie ein Prinzip, das allen Headlines zugrunde liegt. Leserinnen merken sich solche Schemata: **Für Bücher-Rebellen – Krimis aus Afrika; Für Weltenbummlerinnen – in einer Fremdsprache lesen; Für Streber – Schulbücher bestellen; Für Verliebte – in Liebesromanen stöbern**

Beißen Sie sich jedoch beim Schreiben nicht an den Headlines fest. Ist das Schreiben für Sie ein neues Gebiet, arbeiten Sie zunächst in einem Textverarbeitungsprogramm und nicht direkt im Redaktionssystem. Setzen Sie erst einmal eine Platzhalter-Überschrift über Ihren Text. Später können Sie an der Headline feilen. Die Headline ist die Essenz des Fließtexts, im Agenturjargon: der Long Copy. Haben Sie Ihre Textstücke erst einmal fertig, wissen Sie genau, worum es geht, und schreiben die finale Headline darüber. Autoren schreiben häufig erst am Ende die Überschriften zu ihren Kapiteln. Auch der Titel eines Buches wird oft ganz zuletzt festgelegt.

Tipp **Süchtig nach guten Headlines?**

Headline-Freaks können in Kapitel 19, Seite 234 weiterlesen – Profischreiberinnen legen sich regelrechte Kataloge für Überschriften an: z. B. »Eine Frage stellen« oder »Ein Geheimnis verraten« oder »Mit Widersprüchen arbeiten«.

Teaser-Texte schreiben

Den kurzen, oft gefetteten Text in einem typischen Zeitungs- oder Zeitschriftenartikel nennt man Teaser (vom englischen *tease,* »necken, um Aufmerksamkeit heischen«). Solche Teaser machen sich auch im Web gut. Sie sollten etwa ein bis drei Sätze lang sein und Lust aufs Lesen machen. Nutzen Sie solche Teaser als Einleitung für längere Fließtexte. Wenn Sie in Ihren Teaser-Text ein Keyword oder zwei einbauen, handeln Sie besonders vorbildlich. (Mehr zu Teaser-Texten in Kapitel 9.)

Fließtext schreiben

Hier gelten die Empfehlungen fürs gute und abwechslungsreiche Schreiben (↗ Kapitel 2 und 3), kombiniert mit den Grundregeln für die Suchmaschinen-Tauglichkeit von Texten (↗ Kapitel 6).

Links

Diese Unternehmenswebsites sind gut gemacht. Sie bieten zudem zahlreiche Möglichkeiten, von der Website auf andere Kommunikationskanäle wie Facebook oder Instagram umzusteigen. Auf diese Weise wird eine digitale Erlebniswelt geschaffen.

Druck und Vertrieb von Postkarten: pickmotion.de
Radiosender: radioeins.de
Gemeinnützige Organisation: sea-watch.org
Coach: angelika-philipp.com
Bäckerei: meinbeck.com

Verhältnis von Bild und Text

Möchten Sie ein Bild verwenden, fragen Sie sich zuerst: Was will ich damit erreichen? Und welche Art von Bild ist dabei zielführend? Entsteht ein bestimmtes Bild in meinem Kopf, wenn ich die Überschrift, den Text lese? Ist etwas schwierig mit Worten zu erklären? Könnte ein Bild das leisten?

Beispiel Bilder haben unterschiedliche Funktionen. Der Inhaber eines Geschäfts für Kinderschuhe macht sich darüber Gedanken, welche Bilder er auf seiner Unternehmenswebsite einsetzen könnte. Er identifiziert vier Funktionen für die Bilder auf seiner Seite:

- Das Bild gibt ein Produkt exakt wieder (Foto von einem Kinderschuh).
- Das Bild illustriert ein Konzept oder einen Ablauf (schematische Darstellung des Bestellvorgangs für Kinderschuhe).
- Mit einem Bild werden Fakten aufbereitet (Karte zur Anfahrt zum Schuhgeschäft, Größentabelle, Infografik).
- Das Bild soll Atmosphäre schaffen, ein sogenanntes Mood Picture, auch »Image-Bild« genannt (Foto von fröhlichen Kleinkindern, die in Markenschuhen über einen Spielplatz tollen).

Sind Sie sich darüber im Klaren, wozu Sie das Bild brauchen, halten Sie sich an ein paar Grundregeln für gute Bilder. Janice Redish hat sie in ihrem Buch »Letting Go of the Words« so zusammengefasst:

- Ein Bild (Foto, Grafik, Tabelle) sollte eindeutig sein. Geben Sie der Betrachterin keine Rätsel auf.
- Ein Bild soll den Inhalt immer unterstützen, nicht verbergen.
- Wenn Sie Menschen auf Bildern zeigen, achten Sie im Sinne des Weltfriedens auf Diversität. Natürlich nur, wenn es den Gegebenheiten Ihres Unternehmens bzw. Ihrer Zielgruppe entspricht. Typische Fotodatenbank-Bilder zeigen häufig drei Personen in einem 08/15-Büro, sie beugen sich lächelnd über ein Dokument: eine Person mit dunkler Hautfarbe, eine asiatisch anmutende und eine rothaarige Person. Geht es bei Ihnen im Unternehmen nicht so diversifiziert zu, lassen Sie solch ein Foto lieber bleiben.
- Ärgern Sie die Nutzer nicht mit blinkenden Bildern oder rasend schnellem Wechsel von Bildern in einem Slider. Ein Slider ist ein Bereich auf einer Webseite, der im Wechsel Bilder zeigt. Ein Slider ist ein gutes Gestaltungselement – wenn der Bilderwechsel nicht zu schnell geschieht. Man kann einen Slider häufig auch »durchblättern«, indem man auf einen Pfeil oder Punkt an der Seite oder am unteren Rand des Bildes klickt.
- Text sollte sich auf keinen Fall bewegen, das überfordert das Auge.
- Seien Sie sparsam mit Animationen. Über das Bild flatternde Spatzen sind nicht süß, sondern lästig. Steve Krug spricht in solchen Fällen vom »Rauschen« einer Seite, das auf Kosten der Konzentration beim Nutzer geht.
- Zwingen Sie die Besucherinnen Ihrer Seite nicht, sich erst ein Video oder eine Animation anzuschauen, bevor es weitergeht. Nutzer wollen selbstbestimmt surfen. Wenn Sie unbedingt mit einer Animation beginnen möchten, sorgen Sie für einen Button »Skip Intro« (englisch für »Einleitung weglassen«), damit die Besucherin das Bewegtbild überspringen kann.
- Und nun zur technischen Seite: Die Bildgröße sollte stimmen. Das Bild darf nicht verpixelt aussehen, es darf aber auch keine höchstauflösende Druckdatei sein, die die Ladezeiten einer Seite unnötig verlängert. Ideal sind Bildgrößen von etwa 200 bis 300 kb. Es gibt in den meisten Bildbearbeitungsprogrammen die Funktion »fürs Web speichern«; die Bilder werden automatisch auf die angemessene Größe

komprimiert. Sie erleichtern sich das Leben, wenn Sie das Bild direkt im passenden Endformat anlegen. Wenn es später mit einer Auflösung von 800 mal 600 Pixeln angezeigt werden soll, brauchen Sie kein 2000 Pixel breites Bild, wie sie oft von Bilddatenbanken zur Verfügung gestellt werden. Auch Bilder sollten barrierefrei gestaltet werden. Es kommt dabei auf den hinter dem Bild hinterlegten Text an (Bildbeschreibung). Diesen Text nennt man Alt-Titel, das bedeutet alternativer Text. Wie das gemacht wird, steht in Kapitel 9, Seite 121.

(Quelle: Redish, Seite 305 f.)

Erweiterungen

Eine knapp gehaltene Unternehmenswebsite ist entspannend für den User. Er genießt das Gefühl, die Seite zu verstehen und zu überblicken. Für die Suchmaschinen dagegen ist eine Seite mit viel Inhalt (Content) attraktiver. Nun predigen wir hier ständig, sich kurz zu fassen – sollen Sie auch. Sie können Ihre Seite aber auch anreichern, indem Sie mit textgefüllten Unterseiten arbeiten. Nein, keine mit Keywords gespickten, versteckten Bla-bla-Seiten, womöglich noch in kaum sichtbarer, grauer Schrift auf weißem Grund, wie es dubiose SEO-Buden noch vor einigen Jahren empfahlen. Gemeint sind vielmehr planvolle Ergänzungen zu Ihrer bestehenden Seite, z. B. ein Glossar oder eine Unterseite mit Tipps oder aber – sehr zu empfehlen! – einen Blog. Hier können Sie mit Expertinnenwissen glänzen. Die Userin, die sich auf Ihrer Seite umschaut, kann diese textreichen Seiten ansteuern, muss es aber nicht. Die Suchmaschine sieht, dass die Seite regelmäßig neue Inhalte erhält, demnach gepflegt wird und *freshness* (Frische, Aktualität) besitzt.

Above the fold – was der Nutzer zuerst sieht

Kommt die Userin auf Ihre Website, wird sie zunächst, ohne zu scrollen, die Seite anschauen. Alles, was sie in diesen wenigen Sekunden auf einen Blick erfassen kann, spielt Ihnen in die Hand.

Das bedeutet: durchdachtes Design, aber auch: kurze Texte, damit kein Platz verloren geht. Sie werden erstaunt sein, wie viele Wörter überflüssig sind und nützlichen Inhalt vernebeln.

Animieren Sie den User dazu, mehr über Sie zu erfahren, indem Sie ihm *above the fold* relevante Informationen anbieten.

ABOVE THE FOLD

Tipp Ergänzende Inhalte

Erweitern Sie Ihre Unternehmenswebsite durch lohnende Inhalte. Diese sind jedoch immer als Zusatz (und auch als Zugeständnis an die Suchmaschinen) zu verstehen. Die Seite selbst muss von der Nutzerin auch ohne diese zusätzlichen Informationen verstanden werden können.

ONE-PAGER ODER DER KLASSIKER?

Die Grafik auf der folgenden Seite stellt die beiden üblichen Formen einer Website dar. Auf der linken Seite sehen Sie einen sogenannten One-Pager, einen »Ein-Seiter«. Eine solche Form bietet sich bei einer wenig komplexen Unternehmenswebsite an. Das Scrollen, das Bewegen durch die Seite von oben nach unten und zurück, ist unkompliziert. Auf mobilen Endgeräten gelingt das »Wischen« durch eine solche Seite mühelos. Die Menüpunkte (oft durch drei kleine Striche oben rechts angedeutet) führen mit sogenannten Sprungmarken (Jump-Links) direkt zu den Inhalten, die auf dem One-Pager interessieren. Ein One-Pager kommt der mobilen Nutzung entgegen, da alles auf einen »Wisch« gescrollt werden kann, ohne ein einziges Mal klicken zu müssen.
Auf der rechten Seite sehen Sie eine mehrseitige Website. Es gibt eine Startseite mit einer meist oben horizontal angebrachten Menüleiste. Die einzelnen Menüpunkte (Reiter) sind jeweils mit einer eigenen Unterseite verlinkt. Oft führt eine Unterseite zu einer weiteren Unterseite, auch »Subseite« genannt. Dieses Modell hat den Vorteil, dass viele Informationen untergebracht werden können.

ONE-PAGER UND KLASSISCHE WEBSITE

Links

Hier zeigen wir One-Pager und »klassische« Websites:

One-Pager
Künstler: volkerwalther.de
Innenarchitektin: bb-raumkonzept.de
Rechtsanwälte: ra-clausen.de
Innendekoration: jende-manufaktur.de

Klassiker
Bildagentur: pickmotion.de
Tageszeitung: sueddeutsche.de
Rechtsanwälte: fiedler-law.de
Baumschule: lorberg.com
Online-Marketing-Agentur: ocular-online.de
Arztpraxis: drstumpf.net

Aus der Agenturpraxis

»Was ganz anderes soll es sein, ein bisschen verrückt.«
Unsere Auftraggeberin aus der Baubranche will es auf jeden Fall anders als ihre Kollegen machen.
»Es gibt Brandenburger Bauträger wie Sand am Meer, wir wollen herausstechen, machen wir doch so ein Video-Zeugs gleich auf der Startseite, damit sich was dreht und bewegt.«
Wir raten der Auftraggeberin vom Blinken und Blitzen ab und empfehlen ihr provokante Headlines für den Header, präsentiert in einer typografisch schlichten und wertigen Lösung.
Drei Wochen später, unsere Auftraggeberin, ihr Bauleiter und die Statikerin sind bei uns. Wir werfen via Beamer unsere Überschriften an die Wand:
»Wollen Sie wirklich auf Felsen bauen?«
»Wir gehen nicht gern auf die Baustelle.«
»Hier bleibt kein Stein auf dem anderen.«
Die Kundin und ihr Gefolge lächeln irritiert. Wir lösen es natürlich auf:
»Wollen Sie wirklich auf Felsen bauen? – Der märkische Sand ist guter Baugrund.«
»Wir gehen nicht gern auf die Baustelle. – Ohne Sie. Wir möchten, dass Sie dabei sind, wenn es spannend wird.«
»Hier bleibt kein Stein auf dem anderen. – Weil wir spezielle Massivholzmauern hochziehen.«
Bei unseren Besucherinnen kommt Freude auf, ja, das gefällt. Bei der Verabschiedung fällt die Frage: »Und was steht beim Impressum im Header?«
Ähm, da hatten wir nichts vorgesehen, ist ja nur das Impressum.
Der Internetauftritt ist einen Monat später online. Unsere Systemadministratorin hat die Kundin in das Redaktionssystem (CMS) der Seite eingewiesen, alles läuft rund und erste Reaktionen sind durchweg positiv.
Wir schauen nach dem Freischalten einer Website im Abstand von ein bis zwei Wochen nach, ob alles im Lot ist. Heute ist Ines an der Reihe. Nach ein paar Minuten schreibt sie in unseren internen Agentur-Chat: »Guckt mal ins Impressum bei der Baulöwin. Die kann bei uns als Texterin anfangen.«
Wir gucken, und da steht jetzt im Header:
»Wollen Sie das jetzt allen Ernstes lesen? – Sparen Sie sich die Minuten. Schauen Sie sich lieber an, welches Baugrundstück Ihnen gefallen könnte.«

Kapitel 9

Blog-Texte

Bloggen kann heute jeder. Das untermauert einmal mehr die These, dass wir gegenwärtig alle mehr schreiben als zu vordigitalen Zeiten – und nicht etwa weniger, wie es manche gerne behaupten. Mitarbeiterinnen bloggen über Innovationen in ihrem Unternehmen, Schüler im Auslandsjahr bloggen eifrig über ihre Erlebnisse in fremden Kulturen, junge Eltern teilen ihre Erfahrungen, die sie mit dem ersten Kind machen, ergraute Gourmets berichten von den Freuden des Essens und Trinkens – und alle schreiben sie dadurch mehr als je zuvor. Schön! Da sollten Sie mitmachen, und zwar deswegen, weil Sie mit dem Bloggen für Ihr Unternehmen, dem sogenannten Corporate Blogging, bedeutende neue Inhalte schaffen, sowohl für Ihre Kundinnen als auch für die Suchmaschinen. (Das bezeichnet man auch als »Content-Marketing«.) Bloggen Sie mit, aber machen Sie es gut: Blog-Texte sollten einige Eigenschaften mitbringen, die den Leser erfreuen. Und das ist nicht schwer.

BLOG AROUND THE CLOCK

Sie tun gut daran, Ihren Blog mit einem bestehenden Blog-Theme aufzusetzen. Das sind Gestaltungsvorlagen, die Sie, wenn Sie möchten, an Ihre Layout-Wünsche anpassen können. Ein Theme besteht aus mehreren Templates, d. h. Einzeldarstellungen von Seiten. Sie zeigen, wie welches Element des Blogs später aussehen wird, z. B. ob es wie ein herkömmlicher Artikel dargestellt wird oder wie eine Archiv-Seite usw. Die meisten Themes sind bereits so angelegt, dass Ihr Blog optisch Abwechslung bietet (das ist schon einmal eine der Eigenschaften, die einen guten Blog ausmachen). Bilder, Headlines, Texte, Videos und andere Content-Formate können Sie in Ihrem Theme mit einem Redaktionssystem leicht einbinden. Sie brauchen also nichts selbst zu erfinden, sondern können sich anhand der vorgeschlagenen Templates Ihr perfektes Layout aussuchen. Beachten Sie dabei, worum es in Ihrem Blog gehen soll: Ist es ein Projekttagebuch, wählen Sie ein Theme, das die Chronologie Ihrer Erlebnisse gut widerspiegelt. Ist es ein Fashion-Blog, werden Sie eine Darstellung benötigen, bei der möglichst viele Bilder Platz haben. Wollen Sie in Ihrem Blog die Neuigkeiten aus Ihrem Hotelbetrieb mitteilen, ist ein magazinartiges Theme wahrscheinlich die passende Lösung. Probieren Sie es aus und stellen Sie sich Ihren Traum-Blog zusammen.

Links

Diese Anbieter bieten Themes an, die Sie auf Ihrer Website/ in Ihrem Blog installieren können:
themeforest.net
templatemonster.com

Diese Anbieter stellen innerhalb der eigenen Baukasten-Redaktionssysteme (CMS) einfach zu handhabende Themes für Ihren Blog zur Verfügung:
wordpress.com
blogger.com von Google
de.jimdo.com
myblog.de
tumblr.com

Keywords und Links einbauen

Schlüsselwörter, die sogenannten Keywords, werden oft gepriesen als das allein selig machende Mittel zur Auffindbarkeit im Web. Wir finden, man soll es nicht übertreiben. Überlegen Sie sich die wesentlichen Wörter, von denen Sie meinen, dass Ihre Leser danach suchen. (Wer Keywords zur Chefsache machen möchte, liest gleich weiter in Kapitel 6.)
Nehmen wir an, Sie sind Inhaberin eines Steuerbüros. Wonach suchen Ihre Leser? »Steuer«, »Buchhaltung«, »Jahresabschluss« sind sicherlich stark gesuchte Wörter. Aber Achtung, je unspezifischer ein Keyword ist, desto häufiger wird es auch auf anderen Webseiten genutzt. Es hat sich gezeigt, dass spezifische Keywords fast immer den allgemeinen Keywords den Rang ablaufen. Besitzen Sie also als Steuerberaterin eine Spezialisierung, benutzen Sie Keywords aus diesem Bereich, z. B.: »Beratung von Start-ups«, »internationales Steuerrecht«, »Existenzgründungsberatung«, »DATEV-Schnittstelle« usw.
Querverweise innerhalb des Blogs können Sie durch interne Links einrichten. Ein solcher Link sollte ebenfalls ein oder mehrere starke Wörter – sie werden auch als »Ankertext« bezeichnet – enthalten, bei dem der Leser sofort weiß, was ihn jenseits des Klicks erwartet.

Beispiel Bleiben wir beim Steuerberaterin-Beispiel. Im Fließtext eines Blog-Artikels heißt es:
»Besonders mit Unternehmen, die Online-Shops betreiben, haben wir in den letzten fünf Jahren Erfahrungen sammeln können.«

Eine Woche zuvor haben Sie einen Artikel zum Thema Start-ups im Bereich Online-Handel in Ihrem Blog veröffentlicht. Nun hinterlegen Sie einen entsprechenden Link auf den Artikel:
»In unserem letzten Blog-Artikel haben wir aufgrund unserer langjährigen Erfahrungen einige Tipps und Tricks für Start-ups im Online-Handel zusammengestellt.«

Dabei muss die URL des Links nicht sichtbar sein. Denn dieser könnte umständlich sein und so lauten:
http://www.steuerbuero-merzhagen.de/blog/art_1234_online-handel/.
Einen solchen Link sollten Sie Ihren Lesern nicht zumuten.

Prägnanter Blog-Titel und Überschriften

Ihr Blog sollte einen aussagekräftigen Titel tragen, der erkennen lässt, worüber darin zu lesen sein wird. Es ist verlockend, dem Blog einen verheißungsvoll klingenden, lyrischen Namen zu geben. Sind Sie als Finanzberaterin tätig und nennen Ihren Blog »Sternenhimmel«, werden Ihre Leser glauben, dass es um Astrologie geht. (Wobei es tatsächlich Leute gibt, die einen Zusammenhang zwischen Finanzwelt und Sternenkonstellation sehen.) Lautet Ihr Blog-Titel dagegen »Finanzherold«, wissen die Leserinnen sofort, woran sie sind.

Dafür dürfen Sie sich etwas mehr Fantasie bei den Überschriften für die einzelnen Blog-Artikel gönnen. Langweilen Sie Ihre Leser nicht, indem Sie als Überschrift lediglich das Datum wählen, an dem der Artikel veröffentlicht wurde. Das können Sie besser. Als Inhaberin einer Autowerkstatt, die ihre Kunden daran erinnern möchte, dass es Zeit ist, die Reifen zu wechseln, schreiben Sie z. B.: »Jetzt Winterreifen aufziehen«. In jeder Überschrift sollte ein starkes Wort zu finden sein, nach dem Ihre Leser wahrscheinlich auch gesucht haben.

BLOG-TITEL

Weniger gut	**Besser**
Diana	Jagdschein machen Rund um den Jagdschein Wissen zum Jagdschein
Schwarzes Gold	Coffeeclub
Kahnpost	Spreewaldgeschichten
In vino veritas	Weinkenner
Salz auf meiner Haut	Soletherme Bad Badewanne

ARTIKEL-ÜBERSCHRIFTEN

Weniger gut	Besser
13. Februar 2017	Mit diesem Messer geht es besser (ein Blog über Gastronomiebedarf)
Neue Ware eingetroffen	Endlich: Mohairwolle aus Anatolien da! (Blog eines Kurzwarengeschäfts)
Wir machen Urlaub	Unsere Köchin sammelt neue Rezepte (Blog eines Restaurants)
Verlosung Konzertkarten	Gewinne 2 Freikarten für das Tote-Hemden-Konzert

Teaser-Text

Sie können nach der Überschrift im Prinzip gleich loslegen mit Ihrem Artikel, aber sollten Sie einen wirkungsvollen Einstieg bevorzugen, dann schauen Sie es sich von Print-Magazinen ab: Dort folgt nach der Headline ein kurzer Text, meist gefettet, der den anschließenden Artikel (die Long Copy) anteasert, d. h. die Aufmerksamkeit des Lesers darauf zieht. Im Englischen bedeutet *tease* »reizen« bzw. »neugierig machen«, auch »ärgern« bzw. »necken«. Sie wecken die Neugierde und damit die Aufmerksamkeit Ihrer Leserinnen. Benutzen Sie in Ihrem wenige Zeilen langen Teaser-Text möglichst Wörter, die den Leser neugierig machen und ihm gleichzeitig das Gefühl geben, dass er hier findet, was er gegoogelt hat. Sagen Sie im Teaser, worum es in dem Blog-Artikel geht. Sie können auch einen Begriff aus der Überschrift einbinden: »Nass, kalt, neblig: höchste Zeit für Winterreifen!«.
Wer den Teaser-Text zu Ende gelesen hat, wird sich stärker für Ihre weiteren Inhalte interessieren.

Beispiel Hugo ist Inhaber eines Friseursalons und möchte einen Blog-Artikel über den neuen Schwerpunkt »Coloration« schreiben. Den Inhalt, den er transportieren will, teilt er besser auf zwei Textsorten auf: Teaser-Text und Long Copy. Das zeigt die Tabelle.

Weniger gut	Besser
Headline: Schönere Haare	Headline: Wir färben Ihre Haare grün
–	Teaser-Text: Wir tönen Haare in jeder Haarfarbe, aber nur, wenn Sie das möchten. Bei uns erleben Sie keine bösen Überraschungen, sondern erhalten genau den Farbton, der zu Ihrem Typ passt. Diplom-Coloristin Jenny Meyer sorgt in unserem Salon ab sofort für perfekte Haarfarben.
Long Copy: Wir kümmern uns ab sofort intensiv um Colorationen. Unsere neue Mitarbeiterin Jenny ist dafür eigens ausgebildet. Wir führen Produkte von Y und Z. Vereinbaren Sie jederzeit einen Termin in unserem Salon. In einem Erstgespräch …	Long Copy: Jenny arbeitet mit den bewährten Produkten von Y und Z. Während ihrer Zeit in Paris und London hat sie jede erdenkliche Erfahrung mit Coloration gesammelt und freut sich, diese nun in unserem Salon anwenden zu können. Rufen Sie uns an und vereinbaren Sie einen Termin. Jenny nimmt sich viel Zeit für Sie …

Bauen Sie in Ihren Teaser-Text Signalwörter ein, sogenannte Trigger, die Ihnen die Aufmerksamkeit des Lesers garantieren. Das können Wörter sein, die im Zusammenhang mit Ihrem Business/Thema ungewöhnlich sind (z. B. grün, böse, Überraschung). Oder verwenden Sie Begriffe, die Ihre Zuverlässigkeit unterstreichen (Diplom, viel Zeit). Für die Suchmaschinen ist genügend gesorgt, wenn Sie die markanten Suchbegriffe einbauen (Coloration, Haare färben, Haarfarbe). Sie können noch eins draufsetzen, indem Sie ein Fachwort wie Coloration in eine FAQ-Seite aufnehmen.

Artikel-Text

Lieber sage ich Ihnen gleich, warum dieser Abschnitt so kurz wird: Weil hier die Grundregeln für gute Texte gelten (↗ Kapitel 2) und Sie abwechslungsreich schreiben sollten (↗ Kapitel 3). Also: Zur Sache kommen, nicht labern, Kurzweiliges erzählen, authentisch sein und auf Wortwahl und Satzbau achten. Ist nicht so schwer.

Blog aufbrezeln – verschiedene Content-Formate

»5 Wege zum schnellen Abend-Outfit«, »10 Gründe, warum Sie am Telefon nicht mehr Ja sagen sollten«, »3 Tipps zur Umsatzsteigerung innerhalb von 3 Monaten«. Wer schaut sich nicht gerne solche Artikel an? Mit diesen sogenannten Listicals (abgeleitet von englisch *list*, »Liste«) haben Sie die Aufmerksamkeit der Leserinnen. Warum? Weil sich jede über schnelle Orientierung freut und über Inhalte, die in angenehm proportionierten Weisheitshäppchen dargereicht werden. Diese Listicals machen nichts anderes, als Wissen in übersichtlicher Form zu präsentieren. Die Zahl in der Überschrift ist verlockend: Aha, nur 3/5/10 Punkte, die ich beachten muss, sagt sich der Leser, und schon hab' ich's raus.

Beispiel Frau Martens vertreibt Zubehör für Installationsfirmen. Listicals für ihren Blog könnten so lauten: »5 neue Lösungen für Waschmaschinenanschlüsse« oder »Bauknecht, Miele, LG: 3 Hersteller von Waschmaschinen, die man sich merken sollte«.

Eine schöne Erweiterung Ihrer Blog-Inhalte können auch Interviews sein. Bitten Sie z. B. Ihre Auftraggeber oder spezialisierte Kolleginnen (keine Angst vor Konkurrenz) um ein kurzes Interview am Telefon oder senden Sie Ihrem Interviewpartner eine vorbereitete Liste mit Fragen zu. Verbunden mit einem Porträtfoto der Interviewten kann dies eine fesselnde Ergänzung zu anderen Beiträgen in Ihrem Blog sein. Achten Sie darauf, dass Sie offene Fragen stellen, das sind Fragen, auf die der Befragte nicht einfach nur mit »Ja« oder »Nein« antworten kann. Beginnen Sie Ihre Fragen mit einem W-Wort (wieso, welche/r/s, wann, wie usw.).

Beispiel Frau Becher bietet einen Büroservice an. Sie bittet einen Kunden, dessen Abläufe sich durch Frau Bechers Büroservice erheblich verbessert haben, um ein kurzes Interview. Sie notiert sechs Fragen:

1. Wie kam es dazu, dass Sie einen Büroservice in Anspruch nehmen wollten? **(Frage nach dem Antrieb)**
2. Was genau sollte sich dadurch verändern/verbessern? **(Frage nach dem Ziel)**

3. Welches war die überraschendste Erfahrung, die Sie innerhalb der ersten vier Wochen mit unserem Büroservice gemacht haben? **(Frage nach einer kleinen Story;** Achtung: es dürfen ruhig negative Dinge benannt werden; das macht den Beitrag authentischer)
4. An welcher Stelle spüren Sie die Entlastung durch den Büroservice am deutlichsten? (im Grunde genommen eine versteckte **Frage nach dem eigenen Alleinstellungsmerkmal)**
5. Wenn Sie einen Wunsch frei hätten: Was sollte unser Büroservice noch anbieten? (zentrale **Frage nach den Wünschen der Kunden;** gibt es eine humorvolle Antwort darauf, übernehmen Sie sie ruhig. »Es sollte jeden Tag Schokolade geben.«)
6. Bitte vervollständigen Sie diesen Satz: Ohne meinen Büroservice … **(Frage nach dem unverzichtbaren Verlangen des Kunden)**

Laden Sie Gastautorinnen ein. Damit bedienen Sie neue Aspekte und können sicher sein, dass der Gastautor den Artikel mit seinem »Tribe« (das ist seine treue Lesergruppe) teilt – seine Follower (die Menschen, die seinen Blog regelmäßig lesen) tummeln sich nun auch auf Ihrer Seite.
Oder bauen Sie ab und zu ein Video ein. Videos lassen sich von Video-Plattformen wie YouTube oder Vimeo leicht einbetten (mit einem dafür angegebenen »Embed-Code«) oder Sie machen eigene Filmchen. Keine Angst vor unprofessionellem Bewegtbild. Sie können kurze Aufnahmen mit Ihrem Smartphone machen, das macht heute jede, und wenn Sie darauf achten, dass der Ton gut funktioniert und das Bild nicht verwackelt ist, darf der kleine Videobeitrag ruhig die Anmutung eines selbst gemachten Films haben. Hauptsache, der Inhalt ist reizvoll! Übrigens: Kehrt ein Thema regelmäßig wieder, aktualisieren Sie die bereits bestehende Seite einfach. Im Titel verweisen Sie auf das Update (»Winterreifen wechseln: Fahren Sie schon sicher? Tipps für 2020«). In der URL für Ihren Artikel ist aber ein Datum tabu. Schließlich wollen Sie zeitlosen Content schaffen.

Umgang mit Bildmaterial

Bilder lockern auf und steigern das Lesevergnügen. Achten Sie unbedingt darauf, dass Sie die Urheberin des Bildes korrekt nennen bzw. alle lizenzrechtlichen Fragen restlos geklärt sind. Sind Sie sich nicht sicher, lassen Sie es lieber bleiben und machen selbst ein Foto oder greifen auf eine Bilddatenbank zurück. Dort erwerben Sie das Bildmaterial und erfahren den sogenannten *picture credit*. Das ist die korrekte Quellenangabe, die niemals fehlen sollte. Vorsicht: Für Bilder, die in den Social Media geteilt werden sollen/können, gelten häufig besondere Lizenzregeln.
Fotografieren Sie alles selbst, sind Sie natürlich stets auf der sicheren Seite. Meiden Sie jedoch langweilige Motive, die jeder schon zigmal gesehen hat. Und vergessen Sie die Bildunterschrift nicht! Eine Bildunterschrift, im Agenturjargon kurz »BU« genannt, sollte nicht das beschreiben, was man sowieso sieht. Eine gute Bildunterschrift verrät eine Info zu dem Foto, die allein aus dem Bild heraus nicht sofort ersichtlich ist.
Anders ist das mit dem Alt-Titel, dem »Alternative Title«. Das ist der Titel eines Bildes, der angezeigt wird, wenn man mit der Maus über das Bild geht und der im Content-Management-System (CMS, Redaktionssystem) hinterlegt wird. Dieser Titel soll genau das beschreiben, was auf dem Bild zu sehen ist. Warum? Dieser Titel wird angezeigt, wenn das Bild nicht ausgeliefert oder gesehen werden kann. Zum Beispiel wird dieser Titel für Menschen mit Sehbeeinträchtigungen laut vorgelesen – eine der Voraussetzungen für eine barrierefreie Seite. Außerdem wird der Alt-Titel von den Suchmaschinen gelesen und interpretiert – und das wollen wir ja alle, nicht wahr (↗ Kapitel 12)? Deshalb enthält er am besten auch ein oder zwei Keywords.

Links

Die Klassiker unter den Bilddatenbanken:
fotolia.com, istockphoto.com, picjumbo.com

Fotodatenbank mit Bildern abseits vom Mainstream:
deathtothestockphoto.com

New Old Stock gräbt alte Fotos aus Archiven aus:
nos.twnsnd.co

Beispiel Henriette möchte das Gastronomen-Ehepaar Schneider in ihrem Food-Blog vorstellen.

Weniger gut	Besser
Sie stellt die beiden kamerascheuen Restaurantbesitzer vor die Tür zu ihrem Restaurant und fotografiert sie in ihrem Arbeitsoutfit (Küchenchefin und Restaurantleiter) frontal, die Arme hängen herunter, das Lächeln ist etwas schüchtern. Als Bildunterschrift textet Henriette: » Frau und Herr Schneider vor ihrem Restaurant.«	Henriette spürt, dass die Schneiders nicht gerne fotografiert werden. Sie macht eine Aufnahme in der Küche, in der sich die beiden gerade über eine Arbeitsfläche aus Edelstahl beugen. Sie gehen noch einmal die Menüfolge für den Abend durch und sind konzentriert bei der Sache. Sie schauen nicht in die Kamera. Im Vordergrund des Bildes bleiben in Unschärfe verschiedene Profi-Küchengerätschaften sichtbar. Die Bildunterschrift lautet: »Restaurant Schneider: Jeder Handgriff muss sitzen, wenn die Gäste kommen.«

Bildtitel und Dateinamen

Denken Sie daran, in der Bildunterschrift und im Alt-Titel den Namen des Unternehmens / des Produkts / der Marke zu nennen, da die Bilder so über die Bildersuche von Google gut erkannt werden können. Und vergessen Sie nicht, dem Bild einen ordentlichen Dateinamen zu geben. 23p2000.jpg ist nicht geeignet, Restaurant_Schneider_2017 dagegen schon.

Den Blog pflegen

Es ist wie mit einem Garten: Ohne Pflege verkümmert Ihr Blog oder es entsteht Wildwuchs. Beherzigen Sie diese Gärtnerinnentipps:

- Qualität geht vor Quantität. Wenige Artikel, aber auf hohem Textniveau.
- Jeden Artikel auf dem neuesten Stand halten. Damit demonstrieren Sie Google die *freshness* Ihrer Inhalte. Knöpfen Sie sich monatlich einen Artikel vor und ergänzen Sie ihn um aktuelle Infos, gerne auch mit anderen Medien, z. B. Infografiken.

Links

Diese Blogs liest man gerne:
editionf.com
blog.ard-hauptstadtstudio.de
mitvergnuegen.com.
blog.tagesschau.de

SPANNENDE BILDER MACHEN BZW. AUSWÄHLEN

Zu viel Symmetrie: langweilig

Das wichtigste Bildelement leicht versetzt von der Mitte zeigen (Goldener Schnitt)

Die »Rodtschenko-Perspektive«, Kamera kippen, ungewöhnliche Perspektiven wagen

Frosch- oder Adorationsperspektive

Aus der Agenturpraxis

Über 60 Menschen sind bei dem Workshop dabei. Sie haben zwei Dinge gemeinsam: die Liebe zum Schreiben und zu ihrer Region. Das Regionalmarketing-Team im süddeutschen Raum hat Autorinnen für den neu aufgesetzten Blog gewonnen, und nun geht es darum, möglichst viele Facetten der unbekannten, aber attraktiven Region aufzuzeigen. Und wir sollen die Blogger, die teils bereits professionell schreiben, fit machen. Wir stellen im Vorfeld fest: Die machen ihre Sache prima. Was fehlt, ist eigentlich nur eines: das besondere Selbstverständnis.

»Seid egoistisch!«, ruft Ines, unsere Online-Marketing-Managerin, den Teilnehmenden des Workshops zu. Sie muss es wissen, denn sie betreibt selbst erfolgreich einen Blog zur Independent-Kultur in Berlin. »Seid subjektiv! Seid exzentrisch!« Verlegenes Lächeln aufseiten der Teilnehmenden.

»Ihr seid niemandem Rechenschaft schuldig. Es ist eure persönliche Wahrnehmung, die ihr beschreibt. Und die kann euch keiner wegargumentieren. Bloggen bedeutet, subjektiv zu sein.«

Langsam kommt ein wenig Bewegung in die Leute.

Erste, vorsichtige Frage an Ines: »Wenn mir die Redaktion ein Thema gibt, sagen wir, einen Artikel über eine bayrische Brauerei zu verfassen, und ich mag kein Bier, soll ich das schreiben?«

»Sicher. Das ist doch spannend, wenn ein Nichtbiertrinker eine Craft-Beer-Brauerei besucht – und sich womöglich dort bekehren lässt. Eine Blogger-Stimme sollte immer authentisch sein.«

Jetzt wird es unruhig in der Gruppe, alle diskutieren miteinander.

»Ich kann mich endlich als Fan der Abstiegsmannschaft outen!«

»Und ich habe keine Ahnung von Solartechnik und gehe morgen die Herstellerin interviewen. Ich sag der das gleich am Anfang.«

»Ich bin ein Schokoladen-Monster – ich schreibe den Bericht über die Schoko-Manufaktur. Endlich macht mein Hüftgold Sinn.«

Wir ziehen uns langsam zurück, die Verabschiedung geht ein wenig im allgemeinen fröhlich-ehrlichen Austausch unter. Draußen stehen zwei Blogger-Kolleginnen und rauchen. Die eine zum anderen:

»Du hast mir nie gesagt, dass du kein Bier trinkst. Hätteste mal was gesagt. Ich hätte den Artikel gerne geschrieben. Stattdessen hab ich über 'nen Windelservice geschrieben. Wo du doch gerade Vater geworden bist.«

Kapitel 10

Facebook

Facebook ist eines der populärsten sozialen Netzwerke. Als häufigster Grund für die Nutzung solcher Netzwerke im Internet wird der Austausch und Kontakt mit Freundinnen und/oder mit der Familie angegeben. Dicht dahinter findet sich als Nutzungsgrund die Suche nach Produkten und Services (Quelle: Bitkom). Hier kommen Sie und Ihre guten Texte ins Spiel. Die Tonalität und die Art zu sprechen und zu schreiben unterscheiden sich in den einzelnen Web-Kanälen voneinander. Es gibt dazu kein Regelwerk – vielmehr ergibt sich für jeden Kanal ein »Sound«, in dem kommuniziert wird. Auch bei Facebook ist das so. In diesem Kapitel bilden wir Sie nicht zum Facebook-Marketingspezialisten aus – das würde den Rahmen sprengen. Wir zeigen Ihnen, wie Sie clever für Facebook texten. Schauen wir uns an, was das Besondere am Schreiben für den Facebook-Kanal ist.

FACEBOOK: SOLLEN WIR ODER SOLLEN WIR NICHT?

Nicht für alle Unternehmen ist eine Facebook-Seite überhaupt wertvoll. Oft heißt es aus der Chefetage »Wir müssen was mit Social Media machen«, ohne dass man sich Gedanken über die Relevanz dieser Kanäle für das eigene Unternehmen macht. Hinzu kommt, dass die Menschen innerhalb der Social Media unberechenbar sind. Was fällt letztendlich durch, was wird gehypt? Was wird zigmal geteilt, was links liegen gelassen? Was erzeugt Lachen, was nur ein müdes Schulterzucken? Nur die Erfahrung im Umgang mit dem eigenen Social-Media-Kanal kann zeigen, was funktioniert und was nicht. Es ist immer ein wenig Versuch und Irrtum, und darauf wollen sich viele Unternehmen nicht einlassen.

Beispiel Ein Hersteller von Metallbändern für Fördersysteme hat seine Kundinnen ausschließlich im B2B-Bereich. (B2B ist die Abkürzung für »Business to Business«, also ein Unternehmen, das sich an Geschäftskunden wendet. B2C bedeutet »Business to Customer«, wendet sich also an Endverbraucherinnen.)

Für diesen Hersteller ist eine gut gemachte Unternehmenswebsite bedeutsam, mit zahlreichen Bildern, die die unterschiedlichen Fördergurte und -bänder zeigen. Von einer Facebook-Seite wird dieses Unternehmen jedoch wahrscheinlich nicht profitieren, es sei denn, es ist ausschließlich auf Reichweite im Web aus. Aber ist die Reichweite in diesem Fall relevant? Die potenziellen Auftraggeberinnen tummeln sich auf Industrie-Messen und einschlägigen Veranstaltungen zu Prozessoptimierung in Fertigungsketten. Welche Themen könnte Facebook noch zusätzlich abdecken, was die Website nicht könnte? Vom letzten Betriebsausflug erzählen? Die Relevanz eines Facebook-Auftritts geht hier gegen null; sollte denn doch der Azubi drangesetzt werden, dümpeln die Fanzahlen der Seite wahrscheinlich nach den ersten Gefällt-mir-Angaben der eigenen Mitarbeitenden des Herstellers bei 50. Das ist nicht im Sinne der Möglichkeiten von Facebook.

Tipp **Pflege ist das A und O**

Letztendlich muss jede selbst beurteilen, ob ein Facebook-Auftritt für ihr Unternehmen Sinn ergibt. Falls ja, seien Sie ganz bewusst »auf Facebook« und nicht, weil man das heute so machen muss. Eine ungepflegte Facebook-Seite mit geringen Fanzahlen und einem alten Post vom vergangenen Sommer (die Einweihung der neuen Kantine war doch so lustig) wirkt sich negativ auf Ihr Unternehmensimage aus.

PLANEN UND: ACTION, BITTE!

Ja, Sie wollen mit Ihrem Unternehmen auf Facebook Präsenz zeigen! Gehen Sie es planvoll an und werden Sie so schnell zum alten Hasen.

Themen finden

Worüber denn bloß schreiben? Sehen Sie Facebook als Ergänzung zu Ihrem Webauftritt an. Welche Informationen können Sie hier bieten, die Sie z. B. auf Ihrer Unternehmenswebsite nicht unterbringen können oder wollen?
Da Facebook ein guter Kanal für den Mix aus Information und Unterhaltung (Infotainment) ist, können Sie hier viel besser kleine Geschichten, Fotos und Anekdoten aus dem Unternehmensalltag platzieren. Fragen Sie sich immer, welchen Mehrwert der Nutzer hat, der auf die Facebook-Unternehmensseite geht und ggf. Ihren Facebook-Kanal sogar abonniert.
Auf der folgenden Seite finden Sie ein paar Beispiele, wie Facebook in unterschiedlichen Branchen genutzt wird.

Beispiel 1 Ein Immobilienmakler stellt jede Woche neue Objekte mit Fotos vor, die er zu Alben kombiniert. Kommentare von Nutzerinnen kommen meist in Form von Fragen; diese beantwortet er sofort. Mehrwert des Nutzers: Er kann auf das jeweilige Objekt bezogen sofort seine Fragen loswerden und erhält eine schnelle Antwort. Schwerpunkt der Facebook-Seite: Interaktivität.

Beispiel 2 Eine Steuerberaterin nimmt sich aktuelle Entscheidungen im Steuerrecht vor und erklärt diese ganz ohne Fachchinesisch. Indem sie solche Posts schreibt, teilt sie ihr Fachwissen mit ihren (potenziellen) Kunden. Damit untermauert sie ihre Expertise auf dem Gebiet der Steuer. Mehrwert der Nutzerin: Sie steigt niederschwellig und kostenfrei in Steuerfragen ein, die sie betreffen. Schwerpunkt der Facebook-Seite: Expertise untermauern.

Beispiel 3 Ein Orthopädietechnik-Mechaniker will über Facebook jüngere Menschen erreichen, denn es werden Fachkräfte gesucht. Er erzählt über speziell herausfordernde Aufgaben, postet dazu Fotos und kleine Videos. Er achtet darauf, dass das falsche, als langweilig eingestufte Image der Branche (»die machen ja nur Einlagen für alte Leute«) korrigiert wird. Er verknüpft seine Posts mit aktuellen Berichten von den Paralympics und streut Interviews mit jungen Menschen ein, die durch Prothesen und Orthesen problemlos am Alltagsleben teilnehmen können. Mehrwert des Nutzers: Angehende Auszubildende können sich über den noch nicht so bekannten, aber hoch spannenden Beruf informieren; alle anderen lernen sowieso dazu. Schwerpunkt der Facebook-Seite: Imagepflege / Darstellung als attraktiver Arbeitgeber / Recruiting.

Beispiel 4 Eine Landschaftsarchitektin nutzt Facebook, um über Pflanzen, Steine und Gartenmöbel zu schreiben. Sie stellt je nach Saison ausführlich einzelne Gewächse vor und gibt Ratschläge, wo und wie sie am besten gepflanzt werden. Auch sie teilt ihr Wissen mit der Netzgemeinde. Sie lebt außerdem auf Facebook ihre Leidenschaft für englische Landschaftsgärten aus und postet Bilder von ihren Reisen. Mit den Fotos ist sie auch auf Instagram präsent und hat von ihrer Facebook-Seite dorthin verlinkt. Mehrwert der Nutzerin: Sie erhält saisonal passende Infos von einer Spezialistin, die sie zudem mit schönen Bildern unterhält. Schwerpunkt der Facebook-Seite: Expertise und Unterhaltung.

Alle vier Unternehmerinnen haben eines gemeinsam: Diese auf Facebook präsentierten Inhalte würden den Rahmen einer Unternehmenswebsite sprengen (es sei denn, man integriert die Inhalte in Form eines Blogs). Auf ihrer Website gibt es in Form eines Icons (Symbol) den Hinweis auf den Facebook-Kanal.

Links

Diese Unternehmen werden nicht müde, Themen für ihren Facebook-Auftritt zu generieren:
Landhotel: facebook.com/friedermeinlychen/
Fleischerei: facebook.com/FleischereiBachhuber/
Künstlerin: facebook.com/heikeisenmann.kunstgriff
Sternekoch: facebook.com/johannesking/
Kulturblog: facebook.com/INDIEBERLIN

Ein Redaktionsplan muss her!

Nutzer mit privatem Facebook-Profil posten nach Lust und Laune, manchmal mehrmals am Tag. Auf einer Unternehmensseite bei Facebook sollte mindestens einmal in der Woche etwas passieren. Mehr als ein Post täglich dagegen könnte schnell in die Beliebigkeit abrutschen, besonders bei kleinen und mittleren Unternehmen. Haben Sie den Wunsch, häufig kurze Nachrichten auszusenden, nutzen Sie lieber einen Kurznachrichten-Kanal wie z. B. Twitter oder eine Chat-Gruppe, sofern die Zielgruppe auf diesen Kanälen unterwegs ist (↗ Kapitel 11 und 14).
Damit Sie sich nicht jeden Tag bzw. jede Woche aufs Neue überlegen müssen, woraus der Post bestehen soll, und damit Sie nicht ständig nach Bildern suchen müssen, legen Sie Ihre Posts im Vorhinein fest: Machen Sie einen Redaktionsplan. Setzen Sie den Plan gleich über mehrere Monate an, am besten über ein ganzes Jahr – auch wenn Ihnen diese Zeitspanne anfangs riesig vorkommt. Sie können so jedoch besser saisonale Besonderheiten, z. B. die Zeit des Weihnachtsgeschäfts, berücksichtigen. Ein Redaktionsplan bedeutet: einmal viel Arbeit und danach läuft alles wie von selbst. Gut, fast wie von selbst. Erfordern aktuelle Ereignisse andere Posts, weichen Sie natürlich von Ihrem Plan ab bzw. schieben die besagten Posts dazwischen.

Beispiel So könnte ein Redaktionsplan für eine Vermieterin von Ferienwohnungen aussehen (Ausschnitt):

Woche 1: Neujahrswünsche mit stimmungsvollem Foto von einem Ferienhaus im Schnee
Woche 2: Ein Kalender mit allen Schulferien vom laufenden Jahr; Erinnerung, rechtzeitig zu buchen
Woche 3: Foto von Ausbesserungsarbeiten an den Gebäuden; damit zeigt der Betrieb, dass er sich um seine Liegenschaften kümmert
Woche 4: Foto von den Haustieren des Gebäudeensembles; Ankündigung der Saisoneröffnung Anfang März
(…)
Woche 15: Fotos von den Lämmern auf der Weide vor dem Haus, Wünsche zu Ostern
Woche 16: Aussagen von kleinen Gästen posten (»Hier will ich mit Mama und Papa hinziehen«, sagt der kleine Tobi, 4 Jahre alt.)
Woche 17: Hinweis auf die wenigen noch nicht ausgebuchten Wochenenden im Sommer und Herbst
(…)
Woche 40: Hinweis auf ein Goldener-Oktober-Special, Fotos von Laubbäumen
(…)
Woche 45: Fotostrecke von den Betreibern, ihren Enkeln usw.; damit präsentiert sich der Betrieb als inhabergeführtes Familienunternehmen

Tipp Planen lohnt sich immer

Ein Redaktionsplan eignet sich für alle digitalen Kanäle, die darauf basieren, dass die Leserinnen regelmäßige Nachrichten erhalten, also z. B. auch für Blogs oder Newsletter. Sie sparen sich viel Kraft, wenn Sie nicht immer wieder neu überlegen müssen: Was poste ich heute?

Duzen oder siezen?

Wie immer: Das kommt darauf an. Siezen Sie Ihre Kunden in der Welt außerhalb des Webs, empfehle ich Ihnen, dies auch auf Facebook zu tun. Ist Ihre Zielgruppe eher jung und ungezwungen, und in der analogen Welt rutscht Ihnen ab und zu ein Du heraus – duzen Sie auf Facebook. Sie werden selbst ein Gefühl dafür bekommen, ob Sie Ihre Kundinnen duzen oder siezen können. Nur eines bitte nicht: Duzen Sie nicht pauschal, nur weil Sie auf Facebook sind. Das mag bei privaten Profilen gehen, nicht jedoch, wenn Ihr Facebook-Auftritt Ihr Unternehmen repräsentiert.

Beispiel Fachhandel für Kletter-Zubehör: Im Geschäft duzt man sich als kernige Outdoor-Gemeinde sowieso, also auch auf Facebook duzen.

Unternehmensberatung, spezialisiert auf digitale Start-ups: Im Konferenzraum wird manchmal spontan geduzt, in der Regel jedoch gesiezt. In der digitalen Welt sind alle mit dem Du vertraut, also auch auf Facebook duzen.

Unternehmensberatung, spezialisiert auf Fusionen und Verkäufe: In den Geschäftsräumen gibt es nur das Siezen, also auch auf Facebook siezen.

Anbieter eines Coworking-Space: international, Zweigstellen in den USA und England, wo man kein Siezen kennt. Es wird im Space selbst nur geduzt, also auch auf Facebook duzen.

Wie viel Text?

Nicht so viel Text bitte. Die Lesenden möchten den Artikel am liebsten auf einen Blick erfassen können. Ein kurzer Post wird spontaner mit Freunden geteilt – und das genau möchten Sie ja: dass sich Ihr Post im Netz verbreitet. Gehen Sie von etwa zwei bis drei Sätzen aus, die sich schnell überfliegen lassen und eine ideale Länge für einen Post darstellen.
Wer längere Erlebnisse beschreiben möchte, verfasst lieber einen Blog-Artikel. Das ist die Herausforderung: Auch kleine Geschichten wollen auf Facebook in wenigen Sätzen erzählt sein.

Veranstaltungen

Eine gute Möglichkeit, andere Facebook-Nutzerinnen auf Ihre Facebook-Seite aufmerksam zu machen, sind Veranstaltungen, die Sie mit Facebook erstellen können. Sie erscheinen automatisch in Ihrem Newsfeed (laufende Nachrichten), auch »Wall« genannt. Nutzer können ihr Interesse bekunden, indem sie den Reiter »interessiert« und ggf. »zusagen« anklicken. Dies ist für andere Facebook-Nutzerinnen sichtbar. Wählen Sie einen zugkräftigen Titel für Ihre Veranstaltung.

Beispiel 1 Ein kleines Gartencenter eröffnet die Frühlingssaison mit einem verkaufsoffenen Sonntag.

Lieber nicht	Besser so
Aktion am 13. April	Kletterrosen kaufen am verkaufsoffenen Sonntag Oder: Verkaufsoffener Sonntag bei Pflanzen-Heinz: 13. April 2021

Beispiel 2 Ein Spracheninstitut lädt zu einer Schnupperstunde ein.

Lieber nicht	Besser so
Schnupperkurs	Kostenlos 1 Stunde Spanisch ausprobieren

Bilder

Posts mit Bildern sind in der Regel erfolgreicher; Posts mit kurzen (!) Videos toppen das noch. Manchmal reichen einige Worte, noch nicht einmal ein ganzer Satz, um gute (Bewegt-)
Bilder zu begleiten. Der Trend geht eindeutig zum Video. Es gibt gute Apps, mit denen sich schnell Minifilme produzieren oder Fotos animieren lassen, z. B. mit der kostenlosen App »Boomerang« von Instagram.
Eine schöne Alternative zu Fotos sind sogenannte Cards – ähnlich wie Postkarten. Sie sind grafisch ansprechend gestaltet und

enthalten nur wenig Text, oft nur ein paar Wörter. Dies kann ein Zitat sein oder ein Gedanke – alles, was zu Ihrem Thema passt. Solche Cards können Sie selbst leicht erstellen; es macht Spaß, sich ein wenig damit zu befassen (zur Bildauswahl ↗ Kapitel 9 und 12).

Links

Diese Werkzeuge helfen Ihnen, selbst Cards zu erstellen, ohne dass Sie sich in ein aufwendiges Bildbearbeitungsprogramm wie Photoshop hineinfuchsen müssen:
canva.com
picmonkey.com

CARDS FÜR FACEBOOK

Die erste Card zeigt eine Aussage zum Tag des Handwerks. Diese Karte könnte jeder Handwerksbetrieb posten.
Die zweite Card enthält neben Text auch eine Illustration bzw. ein Foto und könnte das Passende für einen Accessoires-Laden sein.

Kommentare moderieren

Genau, Facebook ist ein Dialogmedium. Menschen können und wollen Posts kommentieren. Sie legen in den Einstellungen Ihrer Seite fest, ob Kommentare vor ihrer Veröffentlichung zunächst durch die Administratorin der Seite, also durch Sie oder einen Mitarbeitenden, moderiert werden. Sie sollten ohnehin regelmäßig auf Ihre Facebook-Seite schauen, um schnell reagieren zu können, sowohl bei positiven als auch bei negativen Kommentaren. Dies gilt insbesondere, wenn Sie Kommentare generell ohne Moderation zulassen möchten. Auch nicht verkehrt: Eine Netiquette verfassen. Hier können Sie Grundsätze für den angemessenen Umgang miteinander auf Ihrem Profil festlegen.

Bei positiven Kommentaren ist das simpel: Sie können durch den Klick auf das Gefällt-mir-Symbol oder andere Varianten anzeigen, dass Sie diese Meinung wertschätzen. Sie können auch noch etwas dazu schreiben – das sollte nicht schwerfallen.

Bei negativen Kommentaren wird es kniffliger. Das Thema Beschwerdemanagement füllt ganze Bücher; wir können an dieser Stelle nur ein paar hilfreiche Hinweise geben.

- Bleiben Sie stets freundlich im Ton, auch wenn sich die Urheberin des Kommentars im Ton vergriffen hat.
- Bleiben Sie bestimmt, was Ihre Aussagen über Ihr Unternehmen, die Qualität der Produkte und Leistungen usw. angeht. Knicken Sie nicht ein. Gibt es tatsächlich einen Grund zur Beanstandung, regeln Sie das direkt mit dem Kunden, aber breiten Sie nicht alles auf Facebook aus.
- Verletzende Kommentare sollten Sie sofort löschen.
- Es gibt Störenfriede, die aus Prinzip meckern. Manche versuchen gar, eine ganze Facebook-Seite durch Dauer-Kommentare lahmzulegen. Sie können solche Nutzerinnen blockieren und auch bei Facebook »melden«. Gegen diese sogenannten Trolle müssen Sie im schlimmsten Fall juristisch vorgehen.
- Gefürchtet sind auch die sogenannten Shitstorms – eine ganze Welle negativer Kommentare, die andere Nutzer zu weiteren Mecker-Posts anstecken. Hier gibt es verschiedene Strategien, um die gewünschte Reputation möglichst zügig wiederherzustellen. Man spricht auch vom »Online Reputation Management« – das sollten Sie Profis überlassen, die Unternehmen sicher durch solche Entrüstungsstürme lotsen.

Links

Diese Facebook-Seiten bringen das Unternehmen voran.
Es macht Freude, sich hier umzusehen.
Reiseveranstalter: facebook.com/Alpinkreaktiv/
Stadtmarketing: facebook.com/visitlinz/
Band: facebook.com/TheTranscontinental/
Musik-Agentur: facebook.com/musiquecouture/

Verlinken mit anderen Kanälen

Facebook ist ein riesiges Netzwerk – nutzen Sie das. Stellen Sie nicht nur über die Facebook-Seite Ihres Unternehmens Ihr Business dar, sondern teilen Sie auch andere Beiträge, die zu Ihren Themen passen und die Ihre Leserinnen interessieren könnten. Sie können Personen markieren, über die Sie schreiben. Sind diese auch auf Facebook, führt der Link zur Facebook-Seite der jeweiligen Person; die Personen werden über die Markierung benachrichtigt.
Sie können Ihre Posts auf Facebook so einstellen, dass sie gleichzeitig über Twitter gepostet werden. Damit können Sie zwar zwei Kanäle gleichzeitig befeuern, allerdings ist das nicht immer ratsam. Erstens, weil die Inhalte identisch sind, und zweitens, weil Sie auf unterschiedlichen Kanälen verschiedene Personen ansprechen möchten. Daher lohnt sich die Investition in individuelle Postings mit passender Ansprache.

Beispiel Wilma Lantanzia betreibt ein kleines Bistro. Sie postet regelmäßig über die Köstlichkeiten, die sie gerade auf dem Markt erstanden hat und die bald in ihrer Küche verarbeitet werden. Sie fotografiert einen Weidenkorb voller glänzender Auberginen und schreibt dazu:

Auf dem @MerseburgerWochenmarkt eingekauft. Heute Abend steht Caponata auf der Speisekarte. Ein fantastisches Caponata-Rezept mit Sardellen hat der Hobby-Koch @HermannBrocker aufgeschrieben.

Frau Lantanzia hat den Wochenmarkt und den Koch mit einem @-Zeichen versehen. Damit gelangt der Nutzer direkt zur Facebook-Seite der auf diese Weise markierten Person oder Unternehmung. Neugierige sehen direkt auf dem Facebook-Profil des Food-Bloggers Hermann Brocker nach – so entsteht *traffic*, Verkehr. Umgekehrt wird der Food-Blogger sicherlich auch einmal auf die Seite von Frau

Lantanzia verweisen. Diese Querverbindungen und virtuellen Freundschaften sind gut für Ihr Unternehmen, denn so erfahren immer mehr Menschen von dem, was Sie tun – und genau das wollen Sie ja.

Links

Hier können Sie bequem Details zu Facebook nachlesen:
allfacebook.de/
facebook.com/help/

Aus der Agenturpraxis

Ein Zentrifugen-Hersteller hat sich für eine Facebook-Seite entschieden. Er möchte das angestaubte Ingenieursimage der Marke zurechtrücken. Unsere erste Frage: Wer soll die Posts schreiben? Die Teilnehmenden des Meetings gucken hilflos.

»Der Azubi macht das. Die jungen Leute sind doch alle auf Facebook.«

»Entschuldigen Sie, ich bin nicht auf Facebook. Ich bin auf Snapchat.«

Die Ingenieure schauen verdutzt.

»Frau Holunder? Sie schreiben doch so gerne! Haben Sie nicht mal einen Gedichtband herausgebracht?«

Frau Holunder ist ein wenig zurückhaltend. »Ich habe eigentlich keine Zeit für so was. Und meine Texte werden bestimmt zu poetisch.«

Stille. Doch nun spricht Frau Krämer, die ältere Maschinenbauerin im karierten Hemd: »Also ich würd's machen. Muss mir nur einer zeigen, wie ich in Facebook reinkomme. Habe schöne Fotos gesammelt.«

Alle atmen auf. (Wir noch nicht.)

Meeting beendet, Frau Krämer wird Administratorin der Facebook-Seite, den Redaktionsplan möchte sie selbst entwerfen. (Gut. Warten wir's ab.)

Im ersten Post schreibt Frau Krämer von einem Butterfass – auch eine Zentrifuge. Im zweiten Post zeigt sie Zentrifugen von 1958 bis heute. Die Bilder sind ein Querschnitt durch das Produktdesign der Bundesrepublik. (Als Fans der Seite teilen wir diesen Beitrag auf der Seite eines Design-Magazins. Die Anzahl der Likes für die Zentrifugen-Seite steigt.) Im dritten Post berichtet Krämer vom quasi geheimen Zerstörungslabor. (Der Beitrag wird mehrfach geteilt, die Likes-Zahlen steigen.) Im nächsten Post zeigt Frau Krämer einen geborstenen Rotor: »News aus dem Zerstörungslabor: Das bleibt von der D2.1 übrig, wenn wir bei höchster Drehzahl bewusst einen Rotorbruch durch Unwucht provozieren. Merke: Der Edelstahl-Rotorkessel ist völlig intakt geblieben.« (Noch mehr Likes und noch mehr Fans.) Nun erstellt Frau Krämer eine Veranstaltung: »Besuch im Zerstörungslabor«. Die Teilnehmerzahl von zehn ist schnell erreicht, Frau Krämer stellt einen zweiten Termin ein. Nach der zweiten Führung durch das Labor gibt es drei Bewerbungen auf Ausbildungsplätze. (Die letzte Bewerbung lag vier Jahre zurück.)

Wir sind so euphorisch, dass wir Frau Krämer anrufen. »Tja«, sagt sie ein wenig verlegen, »dem Ingenieur ist nichts zu schwör.«

Kapitel 11

Twitter

Twitter (engl. *twitter,* »zwitschern«) ist ein digitaler Kanal für Kurznachrichten, sie werden Tweets genannt. Ungewöhnlich ist bei Twitter das Prinzip der Verknappung: Die reine Mitteilung darf mittlerweile 280 Zeichen lang sein. Diese Beschränkung ist nicht technisch begründet, sondern zwingt die Nutzerinnen zu Schnelligkeit, Aktualität und Verdichtung. Aber die Erhöhung der Zeichenanzahl von ursprünglich 140 auf 280 zeigt, dass dieser Kurznachrichtenkanal zunehmend mehr Wert auf Raum für Differenzierung und Austausch legt. Die Twitter-App für das Smartphone macht es spielend leicht, diese kurzen Nachrichten zwischendurch abzusetzen. Für Menschen, die täglich viel erleben, häufig Entscheidungen treffen müssen und deren Beruf mit tagesaktuellen Informationen zu tun hat, ist dieses Zwitscher-Medium ideal: z. B. für Politikerinnen, Gastronomen, PR-Leute, Touristikerinnen, Händler mit Rabattaktionen. Zwitschern auch Sie mit! Ob es der passende Kanal für Ihr Unternehmen ist, finden wir hier gemeinsam heraus.

TWITTER IST ÖFFENTLICH

Veröffentlichen Sie auf Twitter als Unternehmen einen Tweet, sieht das im Prinzip die ganze Welt – selbst wenn die Leserin keinen eigenen Twitter-Account hat. Dieser Tatsache müssen Sie sich bewusst sein, bevor Sie sich als Unternehmer dafür entscheiden, über Twitter zu kommunizieren. Sie können Ihren Twitter-Account auch auf privat stellen; dann können nur diejenigen, die Ihre Erlaubnis haben, Ihre Tweets sehen. Das ergibt für ein Unternehmen natürlich wenig Sinn. Die Öffentlichkeit und Aktualität von Twitter macht diesen Kanal auch für Katastrophenfälle so wichtig. Unter dem Hashtag #PorteOuverte bieten freundliche Mitmenschen z. B. Unterschlupf in Notsituationen an. Die Polizei und das Rote Kreuz senden sogenannte Alerts in Krisensituationen aus. Diese erhält die Nutzerin auch als SMS auf ihr Handy, wenn sie ihren Account mit ihrer Mobilfunknummer verknüpft hat. Die Deutsche Bahn berichtet in Echtzeit von Gleisänderungen und Abweichungen vom Fahrplan.

Betrachten Sie Twitter als einen einzigen großen gemeinsamen Aufenthaltsraum, in dem alle durcheinander reden dürfen – damit haben Sie den Wesenskern dieses Mediums erfasst.

TWITTER: SOLLEN WIR ODER NICHT?

Treffen die drei Grundprinzipien von Twitter – Schnelligkeit, Aktualität, hohe Schlagzahl der Nachrichten – auf die Themen Ihres Unternehmens zu, ist dieser Kanal für Sie womöglich relevant. Dialoge finden auf Twitter nicht direkt statt. Zwar gibt es eine Kommentarfunktion und Gefällt-mir-Angaben in Form eines Herz-Symbols – es geht im Grunde genommen jedoch weniger um einen Austausch als um die Kommunikation des selbst Erlebten und um das Aussenden von Tipps und Infos.

Es gibt die Funktion des Folgens (»Follower«), jedoch ist nicht immer ersichtlich, wer hinter dem oft verschleiernd gewählten Namen des Followers steckt. Auf diese (weitgehende) Einwegkommunikation muss sich Ihr Unternehmen einlassen wollen, wenn es einen Twitter-Account bedient.

Beispiel 1 Die Regionalmarketing GmbH eines Naherholungsgebietes weiß, dass gerade in der Sommersaison Ausflügler dankbar für spontane Tipps sind. Welches Gartencafé hat gerade geöffnet? Wo kann ich noch Paddelboote fürs Wochenende ausleihen? Wo gibt es Inlineskates für Kinder? Ist die Baustelle auf der Bundesstraße stadtauswärts immer noch so ein Ärgernis? Das Regionalmarketing kennt diese Bedürfnisse und kommt den Fragen mit aktuellen Sofort-Infos zuvor. – Hier ergibt Twitter Sinn.

Beispiel 2 Eine kardiologische Praxis bietet vorbeugende Sportkurse für Risikopatienten über 60 an. Sie finden regelmäßig statt und können über die Website und in der Praxis gebucht werden. Ansonsten herrscht normaler Praxisbetrieb. – Ein zusätzlicher Twitter-Kanal wäre hier wenig zielführend. Selbst für den Fall, dass Kardio-Tipps getwittert würden – die Zielgruppe wäre wahrscheinlich besser mit einem gut gestalteten Merkblatt bedient, das in der Praxis ausliegt und das man sich als tägliche Ermahnung an den Kühlschrank heften kann.

Beispiel 3 Eine physiotherapeutische Praxis mit acht Therapeutinnen, darunter zwei ausgebildete Osteopathen und eine Yoga-Lehrerin, bietet zahlreiche Trainings an, die flexibel zusammengestellt werden, je nach Teilnehmendenzahl. Sie finden bei gutem Wetter draußen statt. Die Praxis legt zudem großes Augenmerk auf gesunde Ernährung. Twitter wäre ein guter Kommunikationskanal, denn die Kursteilnehmerinnen können von einer Minute auf die andere darüber informiert werden, ob der Kurs unter freiem Himmel stattfinden wird oder nicht. Die verschiedenen Qualifikationen der Therapeuten ergeben ein dichtes Feld aus Tipps und Ratschlägen, die durch Tweets verbreitet werden können. Ernährungstipps können via Twitter spontan vom Wochenmarkt aus verschickt werden oder es können Bilder vom gemeinsamen mittäglichen Salatessen in der großen Lehrküche der Praxis gezeigt werden.

Das #Hashtag

Das Doppelkreuz-Zeichen wird im Englischen als *hash* bezeichnet, und das englische Wort *tag* bedeutet Markierung. Ein Hashtag ist also eine Markierung mit einem Doppelkreuz. Was aber wird markiert und warum? Es werden Wörter oder Wortgruppen markiert, wobei die Wortgruppen keine Leerzeichen aufweisen dürfen. Sonst werden sie von Twitter nicht als zusammenhängend erkannt: #FirmenlaufSüdstern ist ein Beispiel für eine markierte Wortgruppe. Indem einzelne Begriffe mit einem Hashtag markiert werden, sind sie innerhalb von Twitter in jedem anderen Tweet zu diesem Thema ruckzuck identifizierbar. Das Hashtag hilft also, Informationen auffindbar zu machen. Der Trend geht dahin, das Hashtag mit dem jeweiligen Begriff ans Ende des Tweets zu setzen, um den Lesefluss nicht zu stören. Dabei ist es ganz egal, ob sich das Wort noch einmal wiederholt. Setzen Sie jedoch nur vor diejenigen Begriffe ein Hashtag, nach denen vermutlich gesucht wird. Je spezifischer ein Begriff ist, desto besser.

Beispiel Sie möchten über die neue Sonnenbrillenkollektion twittern, die gerade in Ihrem Lager eingetroffen ist. Schreiben Sie: Neue Sonnenbrillen eingetroffen: #DonnaKaran, #DKNY, #Armani, #mykita, #Kindersonnenbrillen.

Wer im Netz bzw. direkt auf Twitter nach Donna Karan sucht, wird nun Ihrem Feed schneller begegnen. #DKNY haben Sie auch mit aufgenommen, weil manche die Modemarke unter dieser Abkürzung besser kennen. Sie können so viele Hashtags setzen, wie Sie möchten. Es ist jedoch auch ein wenig eine Frage des Stils: Wer sind Ihre Leserinnen? Sind es »heavy user«, also extrem internetaffine Menschen, denen viele solcher Zeichen nichts ausmachen? Oder sind es eher konservative Kunden, die einen Tweet wie den obigen bereits als »nicht schön« empfinden würden?

Was ist sprachlich erlaubt?

Da pro Tweet nur 280 Zeichen zur Verfügung stehen, ist es ganz normal, dass viel knapper formuliert werden darf und soll. Allerdings greifen Nutzerinnen auf Twitter auch gerne auf sogenannte Threads zurück, um längere, zusammenhängende Geschichten zu erzählen. Dafür schicken sie ihren Tweets z. B. ein [1/4], [2/4], [3/4] usw. voraus. Damit zeigen sie, dass es noch eine Fortsetzung gibt. Generell können Sie sich auf Twitter stärker an der gesprochenen Sprache orientieren als in den meisten anderen Kommunikationskanälen.

Alles kleinschreiben? – Warum nicht? Seien Sie nur konsequent: entweder alles in Groß- und Kleinschreibung oder alles klein.

Abkürzungen verwenden? – Ja, allerdings müssen die bekannt sein.

Die Grammatikregeln vernachlässigen? – Nur in Maßen. Denn Sie schreiben als Unternehmen, nicht als Privatperson.

Umgangssprache verwenden? – Ebenfalls in Maßen. Es darf niemals schludrig klingen.

Kurzformen von Wörtern benutzen? – Ja. Sogenannte Sparschreibungen weisen Sie als kompetenten Nutzer dieses Mediums aus.

Lieber nicht	Besser so
heute #Neujahrskrapfen in der filiale #meierstraße, 10 stück zu Euro 5	Heute Neujahrskrapfen in der Filiale Meierstraße, 10 Stück zu 5 Euro. #BackshopMeierstraße #Neujahrskrapfen
Wahnsinn hammermäßiges angebot #gleitsichtgläser auch für leute u30 grins jetzt bei #ottooptik	gleitsichtgläser von ottooptik jetzt im angebot für 99 Euro. #ottooptik #gleitsichtgläser #kinderbrille #arbeitsbrille #sonnenbrille
Meeeeega kuuuul keilabsatz #korksandalen neugierigguck hier bei #shoeshop24	coole keilabsatz korksandalen bei shoeshop24 neue #keilabsatz #korksandalen #shoeshop24.de

Beispiel 1 Am #TagDesOffenenDenkmals zeigen wir einen #lostplace vom Feinsten: 20.00 Uhr Treffpunkt im alten Stadtbad #werneuchen.

Hier hat der Twitterer eine Grammatikregel verletzt, nämlich im zweiten Teil das Verb »ist« ausgelassen. Sie merken: Sie nehmen als

Leserin diesen Verstoß gegen den Satzbau nicht wahr, weil Sie den Telegrammstil des Twitter-Kanals bereits verinnerlicht haben.

Beispiel 2 Noch Plätze frei: #coworking #schöneberg #berlinCooleSpaces im #gewerbehofbülowbogen #kreativwirtschaft, fb.me/3ti1BUIHwy

Hier soll keine konservative Klientel angesprochen werden. Alle relevanten Begriffe, nach denen Menschen, die einen Coworking-Platz suchen, verwenden könnten, wurden mit Hashtags markiert. Die Sprache ist ein Mix aus Deutsch und Englisch – nicht untypisch für die Generation der *digital natives*, der mit der digitalen Welt Aufgewachsenen. Am Ende des Tweets finden Sie eine Reihe von Buchstaben und Zahlen. Die ersten fünf Zeichen »fb.me« stehen für einen direkten Link zu Facebook.

Sie meinen, der Tweet sähe nicht schön aus? Ich gebe Ihnen recht. Aber er ist wirksam. Vielleicht ein Trost: Wenn Sie ein Foto mitsenden (ja, das ist möglich), tritt der seltsam anmutende Text optisch in den Hintergrund – gefunden wird er mit all seinen relevanten Begriffen dennoch genauso gut.

Tweets mit Elementen anreichern

Bilder sind in allen Kanälen empfehlenswert, ebenso bewegte Bilder wie kurze Videos oder Loop-Videos (wenige Sekunden lange, oft witzige Videoaufnahmen, die durch die automatische Wiederholung ulkig wirken). Sie können direkt in der Leiste unterhalb des Feldes für Ihren Tweet-Text anklicken, ob Sie z. B. ein Foto hochladen möchten oder ein GIF hinzufügen wollen. Die Abkürzung GIF steht für ein Grafikformat; Twitter schlägt Ihnen animierte GIFs vor, die Sie natürlich nicht nehmen müssen. Sie können sogar eine Umfrage hinzufügen und Ihren Standort angeben. Sie können URLs in den Text hineinkopieren, damit der Leser z. B. gleich auf Ihre Unternehmenswebsite klicken kann. Kürzen Sie lange URLs ab, z. B. mithilfe von bit.ly. Auf dieser Website können Sie kinderleicht kurze URLs selbst generieren. Natürlich können Sie auf andere Twitterer verweisen, indem Sie ihre Account-Namen mit einem @-Zeichen davor versehen. Probieren Sie die verschiedenen Möglichkeiten aus und bedienen Sie sich der anderen Kanäle, die das Web bereithält.

Humor und Twitter

Da Twitter ein so schnelles Medium ist, erlaubt es viel Situationskomik und spontane Kommentare. Das machen sich manche Unternehmen zunutze und polieren damit ihr Image gerade bei den jüngeren Leuten auf.
Die Berliner Verkehrsbetriebe (BVG) haben im Rahmen ihrer Kampagne »Weil wir dich lieben« mittlerweile über 320 000 Follower (Stand 2020) bei Twitter. Dieses Unternehmen hat eindeutig den Bogen raus: Es gibt aktuelle Infos zu Verkehrsstörungen, Schienenersatzverkehr etc. Auf Fragen aus der Community gibt es prompte Antworten, die Missstände nicht leugnen, sondern mit einer gesunden Portion Humor kommentieren, dabei immer informativ sind und selbst die größten Kritiker zu treuen Fans werden lassen. Es werden Fotos getweetet, die erkennbar aktuell sind und offensichtlich von den Mitarbeitenden des Social-Media-Teams selbst geschossen werden. Die Kampagne wurde parallel in mehreren Social-Media-Kanälen gestartet – sie macht Spaß und es lohnt sich, allein die Fotos anzuschauen. Sie können übrigens bei jedem Besuch eines Twitter-Accounts einen entsprechenden Filter einstellen, der Ihnen nur bestimmte Elemente wie Fotos oder Videos anzeigt.
Wie sich ernste Themen mit Humor verbinden lassen, zeigen immer häufiger Twitter-Accounts der Polizei in den verschiedenen Städten. Die Berliner Polizei berichtet sachlich von Ereignissen, weist im umgangssprachlichen Ton auf Gefahren hin und tweetet auch Fotos von Autos, die z. B. durch Falschparken Kinder auf dem Schulweg gefährden. Natürlich wird dabei die Privatsphäre stets beachtet: Nur Gesichtszüge von Kollegen sind erkennbar, Nummernschilder etc. werden nicht fotografiert bzw. Gesichter in den Fotos verpixelt. Erfrischend ist der lockere und zugleich verantwortungsvolle Ton, in dem getwittert wird. Zum Beispiel so: »Leider stets aktuell: Liebe Kraftfahrer, Radfahrstreifen sind weder Parkplätze noch Haltestellen!« Dazu wird ein Foto von einem dreist geparkten Auto gezeigt.

Beispiel Die Münchner Polizei twittert mit dem Hashtag #wiesnwache zu aktuellen Begebenheiten auf dem Oktoberfest und zeigt sich dabei von einer entspannten Seite:

»Betrunkener greift Frauen ›versehentlich‹ an Po und Busen. Wir leiten ABSICHTLICH ein Strafverfahren ein. #Wiesnwache« (27.9.2019, 19.50 Uhr)

»Obacht! Verwechslungsgefahr nicht nur für Wikinger: Met = erlaubt. Meth = verboten. #eigentlichganzeinfach #Wiesnwache« (9/2019)

»Betrunkene 17-Jährige wurde gerade von ihren Eltern abgeholt. Kollegen sitzen nach Ansprache des Vaters immer noch zitternd in der #Wiesnwache.« (23.9.16, 23.24 Uhr)

Links

Lesenswerte Twitter-Seiten:
Verkehrsbetriebe: twitter.com/BVG_Kampagne
Polizei: twitter.com/polizeiberlin
Polizei: twitter.com/PolizeiMuenchen
Tourismusmarketing: twitter.com/visitberlin
Autovermietung: twitter.com/SixtDE

Interne Unternehmenskommunikation auf Twitter

Einige Unternehmen nutzen den Twitter-Kanal als Plattform für die Kommunikation der Mitarbeitenden untereinander. Dabei müssen sich die Tweets natürlich trotzdem stets für die Öffentlichkeit eignen, falls das Unternehmen den Account nicht »privat« führt. Für Kunden ist es aber auch lohnend zu sehen, wie in einem Unternehmen intern kommuniziert wird.

Beispiel Ein App-Entwicklungsunternehmen mit 20 Mitarbeitenden hat den Twitter-Account @fitfürdieapp installiert. Sie nutzen den Kanal, um regelmäßig zum Sport im benachbarten Park aufzurufen, denn die »Nerds« neigen dazu, über Stunden an ihren Rechnern zu kleben und darüber das schöne Wetter draußen zu vergessen. Seit Kurzem haben sie entdeckt, wie aufschlussreich ihre Tweets für potenzielle Bewerberinnen sind. Da sie wie viele Software-Entwicklungsunternehmen einen Mangel an fachlich qualifizierten Entwicklern haben, ist es wertvoll, wenn zukünftige Arbeitnehmerinnen sich via Twitter ein Bild von der Stimmung im Unternehmen machen können.

Twitter als Medium für Kreative

Wie Twitter als kreatives Medium funktioniert, zeigte unter anderem der Berliner Professor Stephan Porombka 2018 mit seinen Tweets für die ZEIT. Sie verbinden originell Bild und Text. Sogar ganze Romane lassen sich mit Twitter schreiben – vorausgesetzt, man übersetzt sie behutsam in eine Sprache, die diesem neuen Medium gerecht wird. Der Werbe-Experte Florian Meinberg verfasst in seinen preisgekrönten »Tiny Tales« Geschichten, die genau einen Tweet lang sind. Hier eine Kostprobe:
»Der Witz ging Lisa nicht mehr aus dem Kopf. Sie musste sich das Lachen verkneifen, versuchte still zu sitzen. Konzentriert malte da Vinci.«
(Meimberg, Seite 112)

In der folgenden Grafik geht es eher darum, einen Geheimcode zu entschlüsseln. Ob sich diese Galerie damit einen Gefallen tut? Wir lösen das Rätsel und empfehlen, einen verständlicheren Tweet zu schreiben.
Verstehen Sie das?
#MoMAPS1 in #GAL23 2wks #vernissage #multiple 4you
@artistinresidence @fb.me/zUK89mw

AUFSCHLÜSSELUNG EINES SCHWER VERSTÄNDLICHEN TWEETS

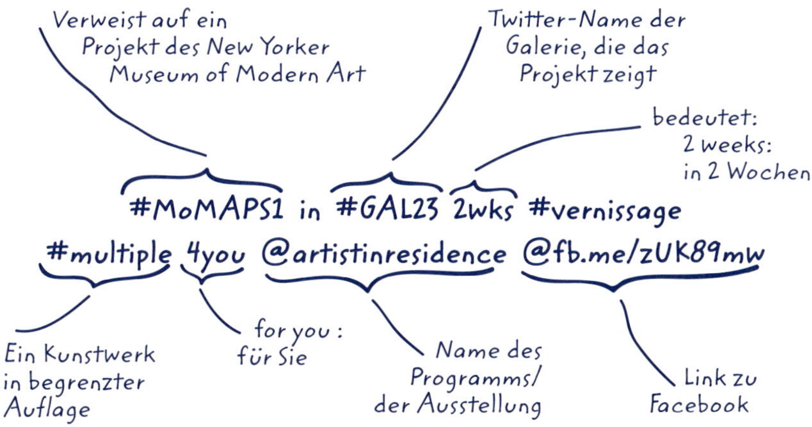

So wäre der Tweet ein wenig verständlicher:

#GAL23 Galerie 23 zeigt neues #MoMA Projekt, @artistinresidence Programm. Der erste Besucher erhält ein #multipleart. Vernissage @galerie23.de

Aus der Agenturpraxis

Eigentlich ist der Inhaber der Kanzlei an der digitalen Welt wenig interessiert. Als er jedoch die junge Steuerberaterin Frau Handke (Eins-a-Examen) ins Unternehmen holt, ändert sich die Einstellung des Unternehmers zum Web.

Es fängt mit einem Relaunch der Website an (wir dürfen diesen begleiten), es folgt eine Facebook-Seite, schließlich kann Frau Handke auch einen Twitter-Account durchsetzen. Der Gründer der Kanzlei sieht die Erfolge. Dennoch trauert er ein wenig der guten alten Zeit nach, in der die Korrespondenz in Briefen auf Büttenpapier erfolgte.

Als kluger Unternehmer weiß er jedoch, dass Wandel nötig ist, und lässt Frau Handke walten. (Er hat das Thema Unternehmensnachfolge im Hinterkopf.)

Umgekehrt nimmt Frau Handke wahr, wie es dem Gründer geht, und versucht, ihn auf die Reise in die digitale Welt mitzunehmen. Sie weiß, dass er ein passionierter Marathonläufer ist, und regt an, über den Twitter-Account die Mitarbeitenden der Kanzlei zum Mitmachen beim städtischen Firmenlauf zu bewegen.

Zahlreiche Tweets animieren die Kolleginnen, mitzulaufen, und es finden sich sogar einige Jugendliche, rekrutiert aus dem Kreis der Mitarbeiterkinder. Man wird jetzt ehrgeizig und möchte unter die ersten fünf Unternehmen kommen, die ins Ziel einlaufen. Die täglichen Tweets mit Aufrufen zum Training befeuern diese Stimmung noch, die Fangemeinde wird größer. Frau Handke will nun zwei Fliegen mit einer Klappe schlagen: Ständig sucht die Kanzlei nach Auszubildenden (Steuerfachgehilfinnen). Sie erstellt Tweets über offene Ausbildungsstellen, die zwischen die Firmenlauf-Tweets geschaltet werden. Die Resonanz ist nicht schlecht, der alte Herr staunt.

Der große Tag kommt. Der Gründer hat den Druck der Firmen-T-Shirts übernommen und verteilt sie morgens an die Mitarbeitenden, die nervös auf ihren Turnschuhen tänzeln. Frau Handke traut ihren Augen nicht: Auf die Rückseite der Shirts sind alle offenen Stellen im Unternehmen gedruckt. Dort steht:

Jetzt bewerben! Steuerkanzlei sucht Sie: #AzubiSteuerfachgehilfen, #AzubiKaufmann/frauBüromanagement, #Steuerfachangestellte/r.

Frau Handke drückt dem Gründer verzückt die Hand.

»Sehen Sie«, sagt der 64-Jährige lächelnd, »endlich kommen unsere Welten zusammen.« Und dann sprintet er leichtfüßig davon.

Kapitel 12

Instagram

Ist das nicht schön?! Lauter bunte Bilder, wenig Text, überall etwas zum Schauen – das ist die visuell betonte Plattform Instagram. Neurologisch gesehen sind Bilder schneller im Kopf als Wörter. Aber was viele nicht wissen: Die Kombination von Bild und Text ist unschlagbar. Durch sie wird ein Inhalt im Gehirn besser abgespeichert. Selbst wenn Sie die schönsten Fotos auf einer Bilder-Plattform wie Instagram oder Pinterest veröffentlichen – Sie werden auf Text angewiesen sein. Ihre Leserinnen benötigen Wörter, im Fachjargon »Legenden«, um die Bilder zu verstehen. Außerdem bleiben Sie durch einen zugkräftigen Namen für Ihren Auftritt und spannende Bildunterschriften bei den Nutzern im Gedächtnis. Wie das geht, zeigen wir hier.

DER POPULÄRE KANAL

Instagram ist mit einer Milliarde aktiver Nutzer eines der weltweit größten sozialen Netzwerke. Es ist ähnlich aufgebaut wie Facebook, zu dem Instagram seit 2012 gehört – sozusagen Facebook für textmüde Augentierchen. Es gibt Kommentarfunktionen, Sie können private Konten anlegen usw. Letzteres erscheint für Unternehmen wenig vernünftig, da sie üblicherweise die größtmögliche Sichtbarkeit anstreben. Auf Instagram steht das visuelle Erzählen von Geschichten im Mittelpunkt. Das Netzwerk punktet mit einer Filterfunktion für die Nachbearbeitung von Fotos. Mit diesem Werkzeug wird jede Nutzerin im Handumdrehen zum Fotoprofi und möchte ihre tollen Bilder natürlich auch gleich posten. Mit der Story-Funktion können Sie Bilder mit Zeichnungen und Text »verzieren« oder Videos einstellen. Die eingestellten Objekte verschwinden nach 24 Stunden von alleine wieder (↗ Kapitel 14).
Natürlich ist Instagram auch eine Videoplattform. Videos werden mit einem Standbild präsentiert und sind bis auf ein kleines Kameraicon erst einmal nicht von statischen Bildern zu unterscheiden. Nutzer »folgen« einzelnen Beiträgen, die ihnen in ihrer individuellen »Galerie« angezeigt werden. Jeder neue Beitrag wird aber zunächst auf einer Übersichtsseite präsentiert und konkurriert dort mit zahllosen anderen Beiträgen. Ein Algorithmus schlägt der Nutzerin dabei individuelle Bilder vor, die er für besonders interessant hält. Alternativ können Nutzer nach Hashtags suchen. Dann werden ihnen alle Beiträge angezeigt, die mit diesem Hashtag ausgezeichnet wurden.
Stichwort Konkurrenz: Die ist groß und deshalb muss Ihr Bild auf den ersten Blick so überzeugen, dass es Nutzerinnen zum Anklicken und »liken« bringt – und im besten Fall dazu führt, Ihre Beiträge zu abonnieren.

Für alle vornehmlich aufs visuelle Erlebnis ausgerichteten Kanäle gelten vier grundlegende Kriterien, die sie zu erfolgreichen Medien für Ihr Business machen:

1. Qualität der Bilder
2. Andersartigkeit/Individualität der Bilder
3. Kontinuität des Postens
4. Knapper Text mit vielen Querverbindungen (Hashtags, Links, @mentions = Markierungen) zu anderen Medien sowie zur eigenen Website für mehr Reichweite.

Links

Hier wird das visuelle Wahrnehmungssystem des Users zelebriert:
instagram.com
pinterest.com
tumblr.com
flickr.com

Beispiel Geben Sie auf Instagram den Begriff »#weinhandel« ein, erhalten Sie Ergebnisse im vierstelligen Bereich. Was zeigen die Bilder? Genau: Weinflaschen. Oder Weingläser. Ein Bild sticht hervor, denn es zeigt keines der beiden Motive, sondern einen typografisch schön dargestellten Spruch: »It's time to shine with wine.«
Hier bleibt das Auge länger hängen. Und warum nicht einmal eine junge Winzerin zeigen? Oder eine lustige Tafelrunde, bei der aus großen Burgundergläsern tiefroter Wein getrunken wird? Oder Flaschenetiketten der bekanntesten Weingüter zu einer Collage zusammenstellen – das wird eine Augenweide, garantiert. (Mehr zu guten Bildern in Kapitel 9.)

Tipp **Keywords testen**

Knöpfen Sie sich einen Begriff, ein Keyword vor, das mit Ihren Produkten zu tun hat, und machen Sie den Test auf Instagram. Breitet sich vor Ihnen eine eintönige Bildsprache aus, wissen Sie genau, was Sie anders machen müssen.

Was wollen Sie auf Instagram?

Möchten Sie

- neue Kundinnen akquirieren?
- aktuellen Kunden Ihre neuesten Produkte und Services aus dem Unternehmen präsentieren?
- die »persönliche Seite« Ihres Unternehmens präsentieren?
- Talente auf dem Arbeitsmarkt rekrutieren?
- über wichtige Entwicklungen informieren?

Je nachdem, was Ihr Antrieb ist, konzipieren Sie die Seite etwas anders. Antrieb Akquise Neukunden: Preisen Sie bilderstark Ihr Alleinstellungsmerkmal an. Antrieb neueste Produkte zeigen: Beeindrucken Sie mit anspruchsvollen Bildern. Antrieb persönliche Seite zeigen: Gönnen Sie den Userinnen mit authentischen Fotos den Blick hinter Ihre Kulissen. Antrieb Recruiting: Präsentieren Sie sich täglich als das tollste, coolste, lustigste Unternehmen unter der Sonne. Antrieb Information: Lassen Sie »einen Kopf« sprechen, d. h. eine wiederkehrende Person informiert sachlich und schafft dadurch Vertrauen.
Übrigens: Instagram ist die Plattform für schön schön schön. Logos im Bild haben da nichts zu suchen.

Links

Diese Instagram-Seiten stehen für unterschiedliche Strategien:
Neukundenakquise: https://www.instagram.com/miteckenundkanten_official/
neueste Produkte zeigen: https://www.instagram.com/otto_de/
persönliche Seite zeigen: https://www.instagram.com/knappworst_steuerberatung/
Recruiting: https://www.instagram.com/eifelarbeitgeber/
Informieren: https://www.instagram.com/vanderbellen/

Was will die Userin bloß bei mir?

Um gute Bilder auszuwählen und die besten Bildunterschriften (Agentursprache: »BUs«) dazu zu texten, müssen Sie sich deutlich machen, wozu der Besucher auf Ihre Seite geht (↗ Kapitel 1). Der amerikanische Texter Robert W. Bly hat eine Liste der Motivationen von Website-Besucherinnen zusammengestellt, die Ihnen helfen wird, die Stoßrichtung Ihrer Instagram-Seite zu definieren. Wählen Sie jedoch nicht mehr als drei Motivationen aus der Liste aus, damit Ihr Profil nicht zu sehr verwässert.

Der Besucher kommt auf meine Seite, um

- gemocht zu werden,
- anerkannt zu werden,
- sich bestätigt zu fühlen,
- sich wichtig zu fühlen,
- Geld zu verdienen,
- Geld zu sparen,
- Zeit zu sparen,
- seine Arbeit zu vereinfachen,
- sich sicher zu fühlen,
- attraktiv zu sein,
- sich wohlzufühlen,
- sich von anderen abzusetzen,
- sich zu freuen,
- Spaß zu haben,
- sein Wissen zu erweitern,
- gesund zu werden/bleiben,
- Neugier zu befriedigen,
- mehr Bequemlichkeit zu erlangen,
- seine Angst loszuwerden,
- seine Schuld loszuwerden.

(nach Bly, Seite 90)

Das klingt wie ein Shakespeare-Drama? Genau so sieht die Realität aus.

Beispiel Nehmen wir an, Sie betreiben ein kleines Fitnessstudio. Sie haben in der obigen Liste die Motivationen »sich wohlfühlen«, »Spaß haben« und »Angst loswerden« angekreuzt. Sie haben eine Zielgruppe von Ü-50-Jährigen, die erste Bandscheibenvorfälle hinter sich haben oder Schlimmeres, die aus Angst vor weiteren Gebrechen Sport machen wollen bzw. müssen, gleichzeitig aber nicht stumpf vor sich hin pumpen möchten, sondern eine fröhliche Wohlfühl-Gemeinschaft in angenehmer Umgebung schätzen.

Ihre Bilder sind: sonnige Studioräume, Holzfußboden, Menschen beim Kaffee oder einem alkoholfreien Cocktail, Leute in ästhetischer Fitnesskleidung ab 40 Jahren aufwärts, lustige, aber nicht flapsige Zitate, lachende Trainer usw.

Ihre Bilder sind nicht: Trainingsgeräte mit Edelstahlgriffen und schwarzen Lederpolstern, perfekt aussehende, junge, muskulöse Frauen, 20-jährige Hip-Hop-Tänzer, Energie-Drinks und Eiweiß-Shakes, Hanteln, neonbeleuchtetes Studio bei Nacht. Wären das Ihre Bilder, hätten Sie oben in der Liste nämlich diese drei Motivationen ausgewählt: »sich bestätigt zu fühlen«, »attraktiv zu sein« und »gesund zu bleiben« – selbstverständlich ebenso berechtigte Zielsetzungen.

TEXTEN FÜR INSTAGRAM

Dies wird ein kurzer Abschnitt. Das ist logisch, denn die Hauptrolle spielen die Bilder, nicht die Texte. Generell gilt hier fürs Schreiben dasselbe wie für andere Social-Media-Kanäle auch. In Kapitel 10 wird darauf ausführlich eingegangen.
Es ist immer gut, sachliche Information mit vergnügter Ansprache zu verbinden, ganz egal, ob Sie siezen oder duzen.

Beispiel Herr Baldowin vertreibt hochwertige Schreibgeräte und Hefte. Seine Texte zu den stilvollen Fotos sind kurz, aber markant:

- Füllfederhalter für Könige
- Schreibgeräte für den Schriftsteller in Ihnen
- Das sind keine Kladden, das sind Bücher
- Papier in seiner schönsten Form

Herr Baldowin baut jeweils ein Wort ein, nach dem der Nutzer wahrscheinlich suchen wird – und reichert es humorvoll an. Instagram eignet sich übrigens sehr gut für Shops, da dort schöne Produktbilder gepostet werden können und der User sich direkt zum Shop durchklicken kann. Nutzen Sie Instagram im Business, erzeugt diese Plattform eine hohe *conversion*. Das bedeutet: Die Userin tut tatsächlich etwas auf Ihrer Seite, sie schaut nicht bloß, sondern sie klickt und ist aktiv, im besten Falle interaktiv (sie kommentiert oder teilt).

Die Interaktion in Form von Likes und Kommentaren nennt man auch Engagement, und das ist für den Erfolg Ihrer Seite elementar. Geben Sie Ihren Userinnen etwas zu tun: Möchten Sie auf Instagram Ihren neuesten Schuh im Sortiment vorführen? Oder einen Blogartikel bewerben? Denken Sie immer daran, einen Link zu Ihrer Webseite in die Beschreibung einzufügen und ihn mit einem einfachen »Call-to-Action« (Handlungsaufruf) zu versehen: »Lesen Sie in unserem Blog-Artikel, was für einen ergonomischen Arbeitsplatz wirklich wichtig ist: www.ergonomisch-arbeiten.de/blog/neuester-artikel/.«

Bildunterschriften texten

Eine gute Bildunterschrift zieht die Aufmerksamkeit der Nutzerinnen auf sich und lässt sie länger verweilen. Ein Knallfaktor kann z. B. eine gewagte These oder ein cooles Statement sein. Statistiken funktionieren meist auch gut: »90 Prozent aller Schreibtischarbeitenden leiden unter Rückenschmerzen«. Wenn Sie nach einem solchen Opener den Inhalt vertiefen, bleiben Ihre Leserinnen dran: »Mit einem höhenverstellbaren Schreibtisch lassen sich Rückenschmerzen im Nu entgegenwirken.«

Lieber nicht	Besser so
Hochzeitsfotografie	Hochzeitsfotograf 12 Monate vorher bestellen
Kissenbezug	Kissenbezug aus 100 % kuschelweichem Kaschmir
High Heels	6 cm High Heels, ein bisschen üben vor dem ersten öffentlichen Auftritt
Hochstammrose	Robuste Hochstammrose für sandigen Boden

Instagram lebt von Hashtags, also machen Sie diese zu ihren Lieblingen. Schauen Sie sich am besten bei der Konkurrenz um. Mit welchen Hashtags versieht diese ihre Fotos? Dann wissen Sie, wie Sie Ihre Zielgruppe erreichen. Die meisten Instagram-Accounts verwenden eine ganze Hashtag-Wortgruppe, die sie immer wieder unter ihre Beiträge kopieren. Userinnen empfinden das manchmal als störend, weshalb manche Accounts ein wenig Abstand zwischen dem eigentlichen Text und der Hashtag-Ansammlung einfügen, sodass diese weiter nach unten rutscht und nicht mehr im Blickfeld des Users ist. Muss sie ja auch nicht sein, da sie nur für die Auffindbarkeit im Web relevant ist.

Links

Wer auf Instagram, Pinterest und Co. unterwegs ist, ist meist auch in anderen Social Media aktiv. Am folgenden Beispiel können Sie das gut nachvollziehen. Das Unternehmen »Urbanara« (Möbel und Heimtextilien) ist auf mehreren Kanälen unterwegs:
instagram.com/urbanara/
urbanarauk.tumblr.com
pinterest.de/urbanara/

Und weitere digitale Kanäle:
facebook.com/urbanara.de/
twitter.com/URBANARA

Tipp **Surfen Sie und schauen Sie sich etwas ab**

Widmen Sie dem Surfen auf Instagram und Co. zwei Stunden Ihrer Lebenszeit; so lernen Sie schnell, wie diese bildaffinen Plattformen funktionieren. Und sicher bekommen Sie Ideen, wie Sie sie für sich nutzen können.

Aufmerksamkeitsstarke Bilder auswählen

In den bildaffinen Netzwerken müssen Sie sich etwas überlegen, um herauszustechen. Gibt man ins »Suche-Feld« bei Instagram einen Begriff ein, wird dem User eine Auswahl quadratischer Bilder geboten, von denen manche einen stärkeren Klickimpuls auslösen als andere. Obwohl es sich bei der nebenstehenden Grafik um eine schematische Darstellung handelt, hat sie dennoch eine visuelle Wirkung: Welche Bilder-»Kachel« finden Sie aufmerksamkeitsstark? Sicherlich gehört das Bild mit der barbusigen Frau in der unteren Reihe dazu, denn es handelt sich um einen klassischen Bild-Trigger. Was noch? Wir vermuten, dass es Ihnen so geht wie uns: Die Bilder, die zusätzlich noch Text zeigen, ziehen uns stärker an, denn sie enthalten zwei Formen von Information. Sie wissen ja: Die Kombi Bild/Text ist das, was am stärksten erinnert wird.

EINE »ERGEBNIS-SEITE« BEI INSTAGRAM

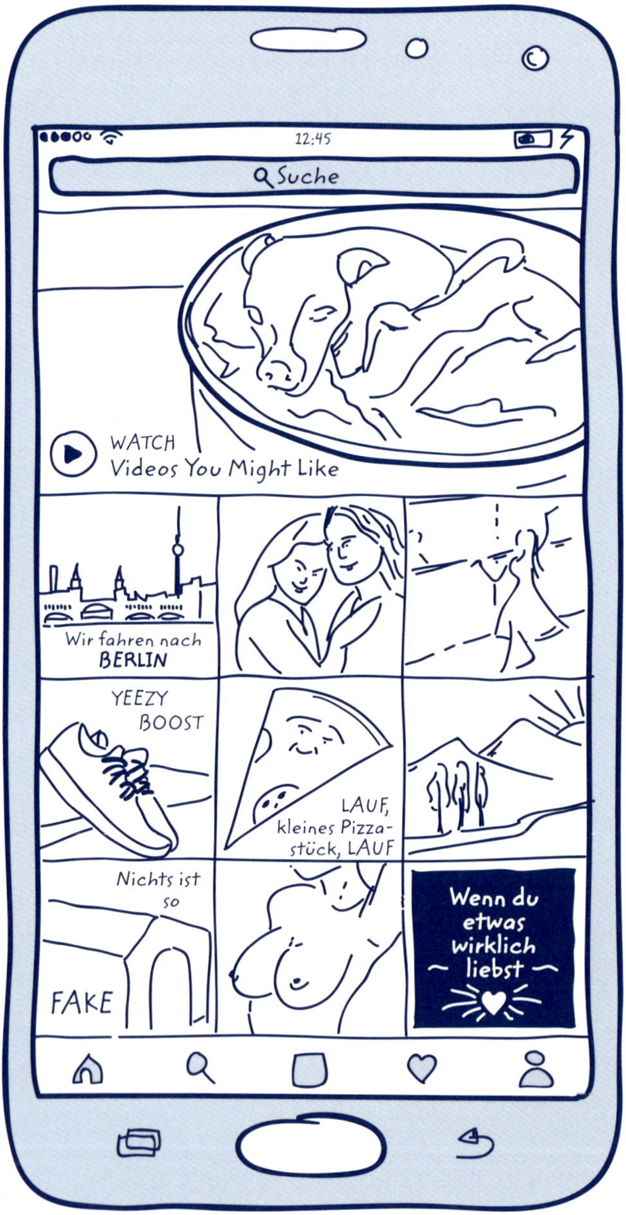

Storys auf Instagram

Diese Funktion wird in der Businesswelt zunehmend genutzt. Storys bestehen aus einem Verlauf an Bilder-Posts, die mit einem kurzen, typografisch auffällig gestalteten Text versehen sind. Sie sind zu Geschichten zusammengestellt, sodass der User ein ähnliches Erlebnis hat wie beim Blättern in einem unterhaltsamen Magazin. Diese Storys sind öffentlich; auch Nutzerinnen, die nicht mit dem Unternehmen »befreundet« sind, können die Inhalte des Unternehmensprofils sehen. Der Clou: Sie verschwinden nach 24 Stunden wieder. Dieses Format eignet sich besonders für tagesaktuelle Neuigkeiten, spezielle Events und Nebensächlichkeiten, die sie nicht für immer auf Ihrem Kanal präsentieren möchten. Storys werden den Nutzerinnen als kleiner Kreis oben am Display angezeigt. Wenn es sich um brandneue Storys handelt, hat der Kreis einen pinkgelben Rand.

Beispiel 1 für Storys auf Instagram:

Profil: Die Mailänder Modewoche
Erstes Bild: 2-sekündiges Video eines Laufstegs
Text: Fashion Week Milan (Buchstaben eingerahmt von dekorativen Balken)
Im Verlauf der Story werden berühmte Models in Bildern und kurzen Videos abseits des Laufstegs gezeigt, im Text darunter jeweils die Namen und der Ort.

Beispiel 2 für Storys auf Instagram:

Profil: Weltfriedenstag
Erstes Bild: Video mit Personen, die kurze Aussagen zum Frieden machen
Text: World Peace Day (Text ist eingerahmt von zwei weißen Tauben)
Weitere Bilder aus der Story zeigen Fotos von prominenten Schauspielern und Politikern, deren Namen in unterschiedlich gestalteter Schrift eingeblendet werden.

Ideenreichtum gefragt

Sie kennen Ihr Produkt und Ihre Services am besten. Jeder Einfall zählt, wenn es darum geht, alles so richtig in Szene zu setzen. Machen Sie ein Brainstorming mit Ihren Mitstreiterinnen, sammeln Sie Inhalte, Bilder, Textstückchen. Legen Sie einen Vorrat an Ideen und Headlines an. Auch hier ist ein gut gepflegter Redaktionsplan hilfreich, damit Sie nicht den Überblick verlieren und vor jedem Post erneut ins Grübeln kommen. (↗ Kapitel 10) Sie werden merken, dass Sie nach einigen Posts den Bogen raushaben: Sie kennen dann die erfolgreichen und weniger erfolgreichen Posts und wissen, worauf Ihre Zielgruppe Wert legt. Kümmern Sie sich gut um Ihre Follower, bleiben Sie im Gespräch, lesen Sie die Kommentare, registrieren Sie die Likes, bleiben Sie dran! Mit der Zeit werden immer mehr Menschen Ihren Content konsumieren wollen. Wichtig: Bleiben Sie immer authentisch. (↗ Kapitel 1)

Beispiel Jana und Justin stellen in einer kleinen, feinen Werkstatt Longboards her. Ihre Kundschaft besteht aus sportlichen, jungen Frauen und Männern mit Haardutt. In den Hosentaschen dieser Skater-Freaks hängen brotscheibengroße Smartphones mit allen gängigen Apps, darunter auch Instagram. Jana und Justin wissen das natürlich und sind mit dem Profil »longboardisbest« unterwegs. Sie produzieren Minivideos von ihren besten Stunts auf der Halfpipe und im Pool und posten sie als Story auf Instagram. Da die beiden regelrechte Bewegungskünstlerinnen sind, wächst ihre Fangemeinde rasch. Selbstredend sind sie ausschließlich auf coolen Longboards aus ihrer eigenen Manufaktur unterwegs und featuren die Produkte auf Facebook, Twitter, Pinterest – und Instagram. In letzterem Kanal posten sie auch ab und an ein Video von einem neuen Produkt und stellen es als Story ein, die nur 24 Stunden sichtbar ist. Durch diese künstliche Verknappung – und das neue Produkt wird NUR auf Instagram gezeigt – sorgen Jana und Justin dafür, dass das Interesse erheblich ansteigt. Die Follower sind begeistert und zeigen dies mit Likes und Kommentaren. Auf jeden Kommentar reagieren Jana und Justin sofort und starten einen humorvollen Dialog. Heißt es von einem Fan »Geilo, kann ich das mal testen?«, antwortet Jana »Nur mit gültiger Fahrerlaubnis, Junge«.

Aus der Agenturpraxis

Wir kannten Ursula Maxson als zurückhaltende Dame, etwas schüchtern, jedoch interessiert an dem, was in der Welt der Unternehmenskommunikation heutzutage so los ist.

Während einer ihrer seltenen Besuche in Berlin kommt die 76-Jährige, die Verwandte eines Kollegen, auch bei uns vorbei. Sie lässt sich alles erklären, stellt vorsichtige Fragen und entdeckt zwei Fehler in einem großen Plakatentwurf. Englische Begriffe wie Corporate Wording oder Lettering sind ihr erstaunlicherweise nicht fremd, sie schnackt noch ein Weilchen mit unserer Praktikantin Hatice und verlässt uns wieder. Zwei Wochen später lebt sie nicht mehr, wir erhalten die traurige Nachricht von unserem Kollegen.

Ein Monat vergeht. Mittags ein Anruf des besagten Kollegen.

»Ich habe etwas Sensationelles gefunden. Meine Brüder und ich haben die Wohnung von Ursula aufgelöst. Unglaubliche Schichten an Leben, 45 Jahre da drin gewohnt. In einem Schrank ganz unten haben wir Dias gefunden, jede Menge, ich habe sie mitgenommen. Gute Aufnahmen. Kannst du nachher rüberkommen?«

Kann ich. Auf einem improvisierten Leuchttisch (Glasplatte auf zwei Kaffeebechern, darunter eine Stableuchte) liegen etwa 100 alte Kodak-Dias. »Ist nur ein Bruchteil des Archivs«, sagt der Kollege.

Ich beuge mich darüber und sehe genau durchkomponierte Motive: ein Spielplatz, ein Auto vor einer Tankstelle, ein blühender Baum vor einem Bergzug, sorgfältig arrangiert wie auf einem japanischen Farbholzschnitt – Pastellfarben herrschen vor, und Moment mal, dieser Schriftzug über der Tankstelle ist doch Englisch?

»Ursula hat in den frühen 60er-Jahren längere Zeit in den USA gelebt. Und da sind diese Fotos wohl entstanden.«

Und jetzt? Diese Bilder kann man doch nicht wieder in der Schublade verschwinden lassen! Mein Kollege sichtet und strukturiert, recherchiert und systematisiert – und feiert im Januar mit uns den Online-Gang des Instagram-Accounts: instagram.com/ursulamaxson. Wir sind wehmütig und froh zugleich: Hier haben wir nun die Verbindung der alten mit der neuen Welt, einen behutsamen Übergang vom Analogen ins Digitale und die posthume Würdigung einer Frau, die zu bescheiden war, um sich selbst als Fotografin zu bezeichnen.

Kapitel 13

Xing, LinkedIn u. a.

Da sind Sie nun schon emsig in den Social Media unterwegs – und nun auch noch digitale Business-Netzwerke? Keine Panik, es muss ja nicht sein. Und vor allem muss es nicht überall gleichzeitig sein. Sie können Schwerpunkte setzen und Inhalte, die Sie für einen anderen Kanal generiert haben, in veränderter Form auch hier nutzen. Es ist viel zeitraubender, ein Netzwerk in der analogen Welt aufzubauen und zu pflegen. Diese sind aus meiner Sicht jedoch konkurrenzlos: Kontakte, die Auge in Auge aufgebaut wurden, sind beständiger und belastbarer als rein virtuelle Kontakte. Allerdings liegt es manchem mehr, sich im Web zu vernetzen, statt Veranstaltungen zu besuchen und mit Menschen zu reden. Außerdem schließt sich beides nicht aus. Die beruflichen, digitalen Netzwerke (auch als digitale Karrierenetzwerke bezeichnet) funktionieren wie andere soziale Netzwerke (z. B. Facebook oder Twitter), nur dass hier die Mitglieder ausschließlich auf beruflichem Level unterwegs sind. Hier sind Sie »Professional« (Fachfrau/-mann) oder »Entrepreneurin« (Unternehmerin), jedoch nicht Privatperson.

DIE WICHTIGSTEN BUSINESS-NETZWERKE

Es gibt zahlreiche Anleitungen dazu, wie Sie in digitalen beruflichen Netzwerken strategisch agieren sollen, um Ihr Unternehmen oder Ihre Person, z. B. für Headhunter, optimal zu vermarkten. Ganz so tief steigen wir hier nicht ein; wir zeigen Ihnen an dieser Stelle, wie Sie für solche Netzwerke schreiben.

Auch hier gelten – Sie haben es sicher schon geahnt – die Grundregeln für gute Texte (↗ Kapitel 2). Wie bei Facebook und Co. wird auch in den Business-Netzwerken kommentiert, geteilt, geliket. Lesen Sie also in den Kapiteln über die anderen Kommunikationskanäle nach; das meiste gilt auch für Xing und Co.

Xing ist in Deutschland (noch) das größte Business-Netzwerk, keine Frage. Aber schon in den anderen deutschsprachigen Ländern sieht es anders aus: In Österreich und der Schweiz ist LinkedIn das wichtigere Netzwerk. Weltweit gesehen ist LinkedIn sogar wesentlich größer als Xing und generell internationaler ausgerichtet. Das zeigt sich auch an der auf LinkedIn vorherrschenden Sprache: Die meisten Nachrichten sind in Englisch verfasst.

Xing und LinkedIn sind offene Netzwerke; jeder kann ihnen beitreten. Das hat Vor- und Nachteile. Ein geschlossenes Netzwerk kann sich die Mitglieder nach Qualifikation und Branche aussuchen, sodass man sicher sein kann, ähnliche Themen zu haben und auf gleichem Level zu diskutieren (wobei es dafür natürlich keine Garantie gibt). Ein offenes Netzwerk ermöglicht dagegen mehr Verknüpfungen. Mehr Nutzerinnen lesen die Beiträge und klicken im besten Fall auf das Profil oder die Unternehmenswebsite. Indem der Nutzer »Gruppen« anlegt, kann er kleine Zirkel ins Leben rufen, in denen sich Gleichgesinnte zu einem bestimmten Thema austauschen. Diese Gruppen können auch geschlossen sein.

Bei Xing und LinkedIn gibt es zwei Kategorien von Profilen: eines mit begrenzten Funktionen (kostenlos) und eines mit umfangreichen Möglichkeiten (kostenpflichtig). Nicht immer muss es das reicher ausgestattete Profil sein, das zum Ziel führt. Mein Rat: mit dem Basis-Profil anfangen und später ggf. erweitern.

Über die beiden Großen Xing und LinkedIn hinaus gibt es unzählige branchenbezogene Netzwerke, die nicht jeden aufnehmen: KressKöpfe etwa ist ein Netzwerk für PR-Leute und Journalistinnen. Die Alumni-Netzwerke der Hochschulen sind ebenfalls hochinteressante »Marktplätze« und Orte des professionellen Austauschs. Und natürlich sind diese Netzwerke als Gruppen wiederum auf den großen beruflichen Plattformen wie Xing oder LinkedIn unterwegs.

Tipp **Auf Zeiten achten**

Es gibt Stoßzeiten, zu denen Mitglieder von digitalen Business-Netzwerken »online« sind: etwa zwischen 7 und 9 Uhr und zwischen 17 und 19 Uhr. Sie erreichen mehr Menschen, wenn Sie innerhalb dieser Zeiten etwas online veröffentlichen.

Links

Hier finden Sie einige Beispiele für digitale Netzwerke:
xing.de
linkedin.com
kress.de

Offenes Netzwerk für die Kreativwirtschaft:
dasauge.de

Auch als Business-Netzwerk nutzbar:
Google+

Beispiele für Netzwerke, die sowohl digital als auch analog unterwegs sind:
Art Director's Club, für Kreative, strenge Aufnahmebedingungen: adc.de
Allianz Deutscher Designer, nur für Kreativschaffende: agd.de
Netzwerke nur für Businessfrauen:
ewmd.org (European Women's Management Development)
bpw-germany.de (Business and Professional Women)
Agiles, gut gemachtes Alumni-Netzwerk der Hochschule für Wirtschaft in Zürich:
alumni-hwz.ch

TEXTE FÜRS PERSONENPROFIL UND/ ODER DIE UNTERNEHMENSSEITE

In manchen Netzwerken kann man beides: ein persönliches Profil anlegen und ein Profil für das Unternehmen.
Ihr persönliches Profil ist Ihre Visitenkarte, eine Visitenkarte mit Foto. Logisch, dass sich diese gruseligen biometrischen Passfotos nicht dafür eignen.
Geben Sie auf Ihrem Profil immer vollständige Kontaktdaten an. Selbstverständlich müssen Sie keine Mobilfunknummer angeben – bei Personen, die viel unterwegs sind, kann das jedoch hilfreich sein. Verlinken Sie in den Kontaktangaben stets auf die eigene Website und – falls vorhanden – auf die Unternehmensseite innerhalb des Netzwerks.
Jetzt überlegen Sie sich, unter welchen Suchbegriffen Sie gefunden werden möchten. Diese Suchbegriffe sollten Sie in den kurzen Beschreibungstext, der gewöhnlich ein Profil begleitet, einbauen. Auf Xing kann man unter der Überschrift »Ich suche« aus verschiedenen Suchbegriffen auswählen, das System ordnet das Mitglied automatisch verschiedenen Kategorien zu. Xing bietet auch die drei Felder »Top-Fähigkeiten« an, damit man innerhalb des Netzwerks schneller gefunden wird. Falls Sie in dem jeweiligen Netzwerk einen Lebenslauf hinterlegen können, tun Sie das, aber halten Sie ihn knapp. Xing macht es den Nutzern einfach und gibt Felder vor (Berufserfahrung, Ausbildung, Sprachen usw.), die Sie nur noch auszufüllen brauchen. Wollen Sie von Headhunterinnen angesprochen werden, müssen Sie ggf. ausführlicher werden, was Ihre Vita angeht.
Manche Netzwerke wie LinkedIn und Xing ermöglichen das Präsentieren von Dokumenten, die Sie hochladen und anderen Mitgliedern, z. B. als PDF-Download, zugänglich machen können. Dies ist für solche Berufe relevant, die stark an das visuelle Wahrnehmungssystem der Zielgruppe geknüpft sind: Fotografen, Grafikdesignerinnen, Innenarchitekten etc. Auch eine Unternehmenspräsentation oder ein Portfolio finden hier einen guten Platz.

Die Unternehmensseite innerhalb eines digitalen Business-Netzwerks betrachten Sie wie den kleinen Bruder Ihrer Website. Sie können das Unternehmenslogo hochladen, ein Header-Bild festlegen usw. Beim Text können Sie den Empfehlungen aus Kapitel 8 (Unternehmenswebsite, Seite 103 f.) folgen. Einige Unternehmen nutzen ihr Profil innerhalb der digitalen beruflichen Netzwerke vor allem für die Gewinnung neuer Mitarbeitenden (Agentursprache: als Recruiting-Tool).

Beispiel Claudia Zöbisch ist freie Grafikdesignerin. Sie erstellt auf Xing ein kostenpflichtiges, sogenanntes Premium-Profil. Sie gibt bei »Fähigkeiten und Kenntnisse« an: Grafikdesign, Layout, Graphic Recording, Corporate Design, Logo-Entwicklung. Bei »Ich suche« gibt sie an: Corporate Identity, Relaunch, Texter, Website, Marketingabteilung. Das klingt ein wenig durcheinander, berücksichtigt aber die Suchanfragen, die Frau Zöbischs potenzielle Kunden stellen könnten. Ein Unternehmen, das den Relaunch seiner Website verwirklichen möchte, wird auch Grafikdesign benötigen. Fast jede Texterin hat Bedarf an Grafikdesign und umgekehrt, denn Kunden möchten gerne alles aus einer Hand erhalten. Hier gibt es also die Möglichkeit der Vernetzung für gemeinsame Projekte.

Tipp **Basic oder mehr?**

Möchten Sie mit einer Unternehmensseite in einem digitalen Netzwerk in Erscheinung treten, achten Sie auf die Modelle der Anbieter. Bei Xing z. B. gibt es große Unterschiede zwischen einer gesondert zu bezahlenden Unternehmensseite (»Employer Branding Profil«) und der Basis-Version für Unternehmen, die wenig Benefit bietet.

Anfragen an Mitglieder

Wenn Sie sich mit einem anderen Mitglied des Netzwerks verbinden möchten, formulieren Sie so persönlich wie möglich. Beim Versenden einer Kontaktanfrage benutzen Sie nicht den langweiligen Standardspruch »Ich möchte Sie gerne zu meinem beruflichen Netzwerk hinzufügen.« Sie haben ja einen Grund, warum Sie eine bestimmte Person zu Ihrem Netzwerk hinzufügen möchten; nennen Sie ihn auch! Xing weist in seinen Netiquette-Regeln ausdrücklich darauf hin, dass grundlos und zuhauf versandte Kontaktanfragen nicht erwünscht sind. Auch wenn Sie Personen einander vorstellen oder auf Kontaktanfragen antworten, sollte ein individueller Ton Ihr Maßstab sein.

Tipp **Persönliche Ansprache**

Als Premium-Mitglied bei Xing können Sie mit der Kontaktanfrage eine persönliche Nachricht versenden – das ist Ihre Chance, einen besonderen Eindruck zu hinterlassen. Die Empfängerin wird eine individuell formulierte Nachricht lieber lesen.

Beispiel Die Grafikdesignerin Frau Zöbisch versendet zunächst nur an Texter Kontaktanfragen, die sie individuell formuliert.

Sehr geehrter Herr Schneider,
seit 13 Jahren entwickle ich Corporate Design für Unternehmen und gestalte Printprodukte. Seit 4 Jahren ist auch Webdesign dazugekommen. Immer wieder mache ich die Erfahrung, dass guter Text vonnöten ist, wenn das Layout die Auftraggeberin überzeugen soll. Ich möchte mich gerne mit Ihnen vernetzen, da mich Ihr Profil als Profitexter anspricht. Ich freue mich, wenn sich gemeinsame Projekte ergeben.
Mit freundlichen, kollegialen Grüßen
Barbara Zöbisch

(Herr Schneider hätte das Wesen von Business-Netzwerken nicht begriffen, wenn er diese Kontaktanfrage nicht mindestens bestätigen würde.)

Wer passt zu mir? Und zu wem passe ich?

Gewinnbringend sind nur langfristige Kontakte. Die erreichen Sie nicht durch spontanes Hinzufügen, weil Sie gerade ein bisschen Zeit zum Surfen haben. Überlegen Sie sich eine Strategie: Wer passt zu mir? Dadurch begrenzen sich Ihre Kontakte automatisch und Sie wirken glaubwürdiger als andere, die Kontakte sammeln wie Trophäen. Auch in den unzähligen Gruppen innerhalb der Netzwerke sollten Sie nur in Maßen vertreten sein. Es kann sonst leicht der Eindruck entstehen, dass Sie mehr Zeit im Netzwerk als mit Ihrer eigentlichen Arbeit verbringen.

Beispiel Die Pharmazeutin Frau Enderlin steckt mitten in ihrer Promotion und baut nebenbei ein Netzwerk für Menschen mit Medikamentenallergien auf. Sie entscheidet sich für das Netzwerk LinkedIn, weil sie die internationale Ausrichtung schätzt. Es gibt amerikanische Universitäten, die zum Thema Medikamentenallergie forschen.

Sie überlegt: Wer passt zu mir? – Betroffene, Ärzte, Pharmazeutinnen, Unis, Labore, Pharmaunternehmen. Sie sucht gezielt Personen mit einem solchen Hintergrund über die Suchfunktion und stellt Kontaktanfragen, in denen sie ihr Vorhaben kurz skizziert.

Ihren Lebenslauf hat sie ausführlich dokumentiert, denn es geht bei dem sensiblen Thema Medikamente um höchste Glaubwürdigkeit und Professionalität. Sie tritt außerdem der großen Gruppe »Pharma Connections Worldwide« und der kleineren Interessengemeinschaft »Pharma in Focus« bei und postet in beiden Gruppen regelmäßig Forschungsergebnisse.

Auf ihrer eigenen Profilseite schreibt sie ab und zu einen kleinen humorvollen Beitrag über das Voranschreiten ihrer Doktorarbeit und zitiert kleine Textstückchen daraus. Darauf erhält sie Kommentare, denn ihre Kontakte kennen die Mühen des wissenschaftlichen Arbeitens.

Tipp **Schlaflos in Seattle?**

Für LinkedIn entscheiden Sie sich meist, wenn Sie internationale Kontakte suchen und pflegen wollen. Wenn Sie dort posten, beachten Sie die Zeitverschiebung, je nachdem, auf welchem Kontinent sich die Hauptgruppe Ihrer Leser befindet.

Nachrichten posten

Auf der »Startseite« können Sie eine kurze Statusmeldung posten. Das Fenster, in das Sie diese Meldung hineinschreiben, begrenzt die Zahl der Zeichen Ihres Posts – eine gute Sache, finde ich. So werden langatmige Nachrichten im »Feed« der Seite vermieden, es sind dadurch mehr Meldungen sichtbar und alle profitieren davon.

Damit Ihr Lesepublikum und mit Ihnen noch nicht vernetzte Mitglieder etwas von Ihren Meldungen haben, sollten Sie mit kleinen Wissenshappen beginnen, die Sie großzügig mit der Community teilen. Netzwerken hat mit Teilen zu tun, erst recht in den digitalen Netzwerken. Empfehlen Sie eine ausgefallene Lektüre, einen Artikel aus einem Online-Magazin. Sie können Links und in manchen Netzwerken auch Bilder posten. Kommen Sie ins Gespräch, stellen Sie offene Fragen. Das sind Fragen, auf die das Gegenüber nicht einfach nur mit Ja oder Nein antworten kann. Auf diese Weise kommt ein Gespräch schneller in Gang. Natürlich ist es auch erlaubt, über sich selbst zu schreiben. Umgehen Sie aber Themen wie Religion und Politik – Sie wollen niemanden vor den Kopf stoßen. Private Probleme sind in Business-Netzwerken tabu. Humor? Ja, bitte! (Aber keine Witze erzählen, nach dem Motto »Kennt ihr den?«.)

Nehmen Sie auf andere Mitglieder Bezug, markieren Sie diese, damit die anderen Leserinnen sie problemlos finden, wenn sie mehr über die jeweilige Person erfahren möchten.

Beispiel Rainer Holthausen verkauft japanische Messer. Er hat einen winzigen Laden in der Altstadt, vertreibt die Messer aber auch über einen kleinen Online-Shop. Er hat ein Profil auf Xing und ist vor allem mit Personen aus dem Bereich Gastronomiebedarf vernetzt. Er postet alle zwei Tage kleine Meldungen. Hier ein Ausschnitt:

Lustiges Buch »Sushi-Guide«. Habe viel dazugelernt, Abbildungen tiptop. http://amzn.to/2dbEI0G (Herr Holthausen hat einen über drei Zeilen gehenden Link mithilfe eines Kurz-URL-Dienstes abgekürzt.)

Sterneköchin Martha König arbeitet bei der Zubereitung von Fleisch am liebsten mit Messern aus der Reihe Wakoli Damastmesser. Danke, Martha, für den Tipp! (Hier nimmt er namentlich Bezug auf ein weiteres Xing-Mitglied, eine schöne Geste.)

Messer korrekt schärfen. Immer wieder Thema. Siehe meine Veranstaltung am 23.5.21. (Hier verlinkt Herr Holthausen auf die Xing-Veranstaltung, die er erstellt hat.)

Habe hier ein Hirokashi Flex Keramic. Hersteller erlaubt Spülmaschine – ich habe Zweifel. Wie machen Sie das, verehrte Profiköche? (Er stellt eine offene Frage.)

Tipp **Lange Links kürzen**

Falls Sie Links einsetzen möchten, sind diese oft zu lang bzw. sehen unschön aus. Der Kurz-URL-Dienst bitly schafft Abhilfe: bitly.com. Er generiert zu Ihrem langen Link einen sehr kurzen Link, den Sie kopieren können. Der Link verweist nun allerdings nicht mehr auf die Originalseite, sondern auf bitly. Von dort werden Sie aber sofort auf die gewünschte Webseite geleitet.

Aus der Agenturpraxis

Hingebungsvolle Kontaktpflege kann man das nicht immer nennen:
Wir selbst sind in den sozialen Netzwerken nicht regelmäßig aktiv, obwohl wir ein aufmerksames Ohr an der Außenwelt haben.
Kürzlich erhalte ich eine Kontaktanfrage im Business-Netzwerk Xing. Ich bestätige nicht blind, sondern schaue mir das Profil des kontaktfreudigen Menschen erst einmal an.
Aha. Da steht 2186 Kontakte. Aktiv in über 33 Gruppen. Leitet selbst 12 Gruppen.
Vorschnell urteilen gilt nicht, lesen wir erst einmal den Wortlaut der Anfrage – oh, gar kein begleitender Text.
Soso. Hier hat sich die Netzwerkerin noch nicht einmal die Mühe gemacht, eine Nachricht zu verfassen. Wie ernst ist die Kontaktanfrage gemeint?
Ich erzähle davon in der Pause an der Kaffeemaschine.
»Ach, so eine Kontakte-Sammlerin. Kannste vergessen.«
»Ego-Typ. Lehne das ab.«
»Ist die irgendwie wichtig für uns?«
Ich lehne die Kontaktanfrage ab und begründe dies, denn es ist Stil in unserem Hause, offen zu kommunizieren.
»Sehr geehrte Frau xy, vielen Dank für Ihre Anfrage. Ich sehe, dass Sie fast 2200 Kontakte Ihr Eigen nennen. Das hat für mich (und unsere Agentur) wenig mit echtem Netzwerken zu tun, weil man bei einer solchen Anzahl unmöglich die einzelne Person im Auge behalten kann. Weiterhin gutes Gelingen für Ihre Vorhaben. Freundliche Grüße.«
Eine halbe Stunde später kommt die Antwort von Frau xy:
»Teuerste, Sie halten es wohl nicht für nötig! Während Sie Ihre lächerlichen Zeilen verfasst haben, habe ich schon längst die nächsten 100 Kontakte generiert. SO geht Netzwerken! Hochachtungsvoll, XY.«
Ich zeige das im Büro herum und brauche einen Kaffee und eine halbe Tafel Schokolade, um mich abzuregen.
Einen Monat später fragt Malte, ob ich noch mal etwas von der Kontaktefängerin gehört hätte.
Nein, antworte ich, das Profil ist nicht mehr auffindbar.
Es gibt noch Gerechtigkeit auf der Welt, finden wir.

Kapitel 14

WhatsApp, Support-Chats u. a.

Der Schwatz am Telefon oder das Geplauder über den Gartenzaun hinweg findet seine digitale Entsprechung im Chat (englisch für »Plauderei, Unterhaltung«). Chats gibt es überall dort, wo ein digitaler Dialog in Echtzeit gewünscht wird; es müssen also immer mindestens zwei Personen beteiligt sein. Es gibt auch Gruppen-Chats, in denen es genauso lebendig zugehen kann wie beim Abendessen einer sechsköpfigen Familie. Sie selbst nutzen vielleicht für private Chats den einen oder anderen Messenger-Dienst innerhalb eines digitalen Mediums wie Skype, Facebook oder WhatsApp. Aber nutzen Sie Chats auch als Unternehmer für den Austausch mit Kundinnen oder Mitarbeitenden? Oder gar als Erweiterung Ihrer Unternehmenswebsite oder Ihres Shops? Ursprünglich vor allem als Kanal für private Nachrichten gedacht, hat der Chat mittlerweile in verschiedenen Ausprägungen Einzug in die Businesswelt gehalten. Der Vorteil: Die Unternehmen sind durch das Chatten nah dran am Kunden; sie vermitteln eine persönliche Haltung und werden »greifbarer«.

CHAT-FORMEN

Die geläufigsten stellen wir hier kurz vor:

1. WhatsApp: Dieser Chat ist sehr verbreitet, funktioniert auf Smartphones und Tablets (und mit einer speziellen App auch auf dem Rechner). Mit den Textnachrichten können auch Bilder, Links etc. versendet werden.
2. Chat-Support: Er bietet Sicherheit im Bestellprozess, etwa bei Shops oder bei teuren, sensiblen oder beratungsintensiven Services, z. B. beim Kauf einer Software oder dem Hosting auf einem Server. Diese Chats werden ergänzend zu bestehenden Inhalten als Frage-Antwort-Kanal angeboten.
3. Chats, die andere Aktivitäten in Echtzeit begleiten: In den Social Media (z. B. Facebook, Twitter, Skype) kann mithilfe der internen Messenger-Dienste gechattet werden.

Als Unternehmen in Chats anders sprechen als sonst?

Eindeutig ja. Ein Chat ist ein lockeres Gespräch und wird in Umgangssprache geführt (was nicht heißt, dass schlampig formuliert werden darf). Für alle als Dialog gedachten Kanäle gilt eher der Duktus der gesprochenen Sprache als die förmliche Sprache, die wir im Unternehmensalltag gewohnt sind. Eine E-Mail z. B. ist weniger spontan, sondern in der Regel geplant. Hier schreiben Sie unwillkürlich formeller, und das ist in Ordnung so (➚ Kapitel 15).

Allein deshalb, weil es in Chats schnell hin und her geht, können Sie manchen Konventionen, z. B. dem klassischen Aufbau »Einleitender Satz, Hauptteil, Abbinder mit Verabschiedungsformel« getrost Adieu sagen. (Manchmal überschneiden sich Nachrichten gar, wenn parallel geschrieben wird.)

In Chats haben längere Textpassagen keinen Platz. Haben Sie viele verschiedene Informationen, teilen Sie sie lieber in einzelne Happen auf. Als Faustregel gilt: Pro inhaltlich für sich stehende Äußerung verfassen Sie eine Nachricht.

Für alle Kommunikationskanäle gilt: Gehen Sie sparsam mit Versalien (Großbuchstaben) um. Wenn Sie ganze Wörter großschreiben, betonen Sie diese SEHR stark – das mag an manchen Stellen gewollt sein. Tritt dies zu häufig auf, wirkt es aufdringlich.

Ebenso verhält es sich mit Ausrufezeichen oder, schlimmer, mit der mehrfachen Wiederholung von Satzzeichen oder einzelnen Buchstaben. Das ist zwar unter privat Chattenden durchaus üblich, als Unternehmen geht das jedoch nicht.

Chatten Sie mit einer Person oder Gruppe regelmäßig, können Sie die Anrede weglassen, allerdings nur, wenn der Chat schon begonnen hat und wenig Zeit seit den letzten Nachrichten vergangen ist. Dass Sie die Absenderin sind, ist ohnehin klar, und der Nachrichtenverlauf, der stets zu sehen ist, vermittelt den Eindruck, das Gespräch könne jederzeit wieder fortgesetzt werden. Sind einige Tage seit dem letzten Chat vergangen, sollten Sie jedoch der Höflichkeit halber wieder mit einer Begrüßungsformel beginnen.

Verabschiedungsformeln sind unverzichtbar. Woher weiß Ihr Gegenüber sonst, dass Sie den Chat jetzt beenden wollen? Wenn Sie einfach sang- und klanglos aus dem digitalen Gespräch aussteigen, wird das Ihren Chat-Partner irritieren. Einige Chatterinnen benutzen auch die Abkürzung EOM (*end of message*, »Ende der Nachricht«), um den Abschluss zu markieren. Diese Abkürzung wird auch in kurzen E-Mails verwendet.

Was Sie nicht benutzen sollten: sogenannte Inflektive wie »lach«, »schauder« oder »mal eben nachzähl muss«.

Dasselbe gilt für die lustigen kleinen Zeichen, die Emojis, mit denen man den privaten Chat anreichern kann. Erliegen Sie nicht der Versuchung, sie zu benutzen, sondern versuchen Sie Ihre Inhalte in Worten auszudrücken.

Zum Thema »Duzen oder siezen?« schauen Sie in Kapitel 10 nach.

Lieber nicht	Besser so
Nuuuuur HEUTE für unsere STAMMKUNDEN: KUSCHEL-Special im Oktober. JETZT buchen!!!	Stammkund:innen aufgepasst! Heute Kuschel-Special für Oktober buchen. Jede Unterkunft mit KAMIN.
Wir haben uns nach längerer Diskussion dazu entschieden, die Fertigungsstraße zunächst in Frankreich, Italien und in den Niederlanden zu testen. Auf der internationalen Fachmesse für Druck- und Medientechnik in Düsseldorf werden wir mit unseren Kollegen die Produktion vorstellen.	(Nachricht 1) Entscheidung gefallen: Test der Fertigungsstraße in F, I u. NL. (Nachricht 2) Präsentation auf der nächsten DRUPA in D.

Tipp **Achtung Autokorrektur!**

Vorsicht bei der automatischen Wortvervollständigung (Autokorrektur). Lesen Sie sich das Geschriebene noch einmal kurz durch, bevor Sie auf »Absenden« tippen. Sie kennen selbst sicher genug Beispiele, wo sich völlig andere Begriffe gebildet haben.

WHATSAPP NUTZEN

Als Unternehmerin möchten Sie sicherlich mehr als einen einzigen Kunden via Chat erreichen; deshalb bietet es sich an, eine WhatsApp-Gruppe ins Leben zu rufen. Sie geben der Gruppe einen Namen und ein Profilbild, laden Gruppenmitglieder über die Smartphone-Nummern aus Ihren Kontakten dazu ein und schon kann es losgehen.
Wann ist das sinnvoll? Immer dann, wenn Sie ein »Gruppengefühl« erzeugen, einen homogenen Zusammenhalt herstellen, eine »Community« aufbauen möchten. Aber auch für Beratung und Support lässt sich dieser Kanal nutzen, weil er Ihre Infos schnell für den Fragenden bereitstellt.
Es gibt auch die spezielle WhatsApp Business App, die spezielle Tools zum Automatisieren und schnelleren Beantworten von Nachrichten bietet. Das kann sich eventuell für Ihr Unternehmen lohnen.

Beispiel 1 Ein Herrenausstatter möchte seine Kunden enger an sich binden. Das ist eines der Ziele des CRM, des Customer Relationship Managements. Als Unternehmer mit gesundem Menschenverstand weiß er (auch ohne die Abkürzung CRM zu kennen), dass er seine Kundenbeziehungen pflegen muss. So ruft er die WhatsApp-Gruppe »Barfuß oder Lackschuh« ins Leben, zu der er seine Stammkunden einlädt. Von manchen hat er die Mobilfunknummer bereits, von den anderen bekommt er sie bald. Denn er startet einen Aufruf durch den Versand einer einladend gestalteten Postkarte. Die Empfänger dieses klassischen Dialogmailings müssen nur »Ja, ich will« an die Nummer des Herrenausstatters senden und werden der Gruppe hinzugefügt. Der Unternehmer informiert die Gruppe über neue Kollektionen, erzählt lustige Begebenheiten und lädt zu kleinen exklusiven Vorab-Besichtigungen ein. Er achtet darauf, nicht zu oft eine Nachricht zu versenden (einmal pro Woche). Die Resonanz ist positiv; die Anzahl der Kundenbesuche im Geschäft hat sich erhöht. Es entstehen schöne Bekanntschaften unter den Mitgliedern der Gruppe, sogar eine neue Geschäftsbeziehung wird innerhalb der Gruppe etabliert.

Beispiel 2 Ein Fachgeschäft für Telefonie und Fernsehen hat seine Kundinnen fest an sich gebunden, weil es jeden erdenklichen Support anbietet, z. B. bei der Installation eines Rooters. Nun richtet die Inhaberin zusätzlich einen WhatsApp-Chat ein, in dem die Anliegen der Kunden (in erfreulicher Echtzeit) live behandelt werden. Dies empfinden die Kundinnen als angenehmer als z. B. beim Installieren noch zusätzlich mit einem Telefonhörer hantieren zu müssen bzw. einen Termin mit einer Technikerin in ihrer Wohnung zu vereinbaren. Gerade ältere Kunden ziehen diesen WhatsApp-Kanal einem Live-Chat auf der Website vor (der übrigens auch ein sinnvolles Angebot ist).

Beispiel 3 Ein Fitnessstudio möchte die Teilnehmenden der neu gegründeten Laufgruppe bei der Stange halten und gründet die WhatsApp-Gruppe »Alle laufen«. Die Chats bestehen aus Diskussionen über witterungsangepasstes Schuhwerk, Tipps für gute Trails sowie allerlei lustigen Mutmach-Bildern und -Videos. Seit es die Gruppe gibt, fühlen sich die Teilnehmenden stärker verpflichtet, zu jedem (kostenpflichtigen!) Lauftraining zu erscheinen.

Eine WhatsApp-Gruppe pflegen

Diese Voraussetzungen sollten erfüllt sein, wenn Sie planen, eine WhatsApp-Gruppe aufzumachen:

- Sie pflegen die Gruppe regelmäßig. Je nach Branche kann dies einmal in der Woche oder täglich sein.
- Sie haben Nachrichten für Ihre Gruppe, die die Mitglieder relevant und vielleicht auch unterhaltsam finden.
- Sie sind darauf gefasst, dass die Gruppenmitglieder ihrerseits auch Nachrichten in die Gruppe senden. Die Gruppe sollte also nicht zu groß sein und es sollte ein gewisser Konsens unter den Mitgliedern bestehen.
- Sie halten sich an die sprachlichen Empfehlungen für Chats. Oft entsteht in länger bestehenden Gruppen auch ein eigener Sprach-Code, z. B. mit eigenen Wortschöpfungen oder Auslassungen. Solange die Gruppenmitglieder diesen verstehen, ist alles – im Rahmen der Höflichkeit – erlaubt.

Wichtig: Sie dürfen mit Kunden nur dann Kontakt aufnehmen, wenn Sie deren explizites Einverständnis nachweisen können. Das gibt die DSGVO so vor. Lassen Sie sich wie in unserem Beispiel 1 auf Seite 176 von Ihren Kundinnen dazu ein bestimmtes Stichwort an die Handynummer schicken, die Sie mit WhatsApp verknüpft haben. Erst dann dürfen Sie mit dem Gespräch beginnen. Falls Ihr Unternehmen so groß ist, dass es eine Datenschutzbeauftragte hat, sprechen Sie mit ihr vor der Business-Nutzung von WhatsApp. Überhaupt sollten Sie Ihrem Datenschutzbeauftragten so aufmerksam lauschen wie als Kind ihrer Lieblingssendung.

WhatsApp-Chats mit anderen Medien ergänzen

Es gibt auf WhatsApp die Möglichkeit, eine Voice Message (Sprachnachricht) zu senden. Nicht bei allen Empfängerinnen ist diese Funktion beliebt. Für den Sender geht es schnell, eine Nachricht in den Chat zu sprechen; er kann sich nicht vertippen, das Display muss für die Sprachaufnahme nicht genau erkennbar sein (vielleicht blendet gerade die Sonne). Die Empfängerin hingegen muss sich eine ruhige Ecke suchen, wenn sie die Nachricht abhören möchte. Peinlich wird es, wenn der Lautsprecher so eingestellt ist, dass das Umfeld alles mitbekommt. Andererseits lässt sich über diese Funktion Erlebtes gut in eine kleine Geschichte verpacken, die man sonst vielleicht nicht erzählt hätte, weil der Text zu lang geworden wäre.

Mit WhatsApp können Sie natürlich auch Fotos und Videos verschicken, die Sie mit einem kurzen erklärenden Text, einer Legende, versehen können. Auch Links zu anderen Seiten lassen sich in den Chat einbetten. Nutzen Sie diese Vielfalt an Möglichkeiten und machen Sie Ihren WhatsApp-Kanal zu einem echten Infotainment-Medium Ihres Unternehmens.

CHAT-SUPPORT

Bei beratungsintensiven Kundenkontakten sparen Sie durch einen in die Shop- bzw. Website eingebetteten Chat Zeit und Nerven – auf beiden Seiten: bei der Kundin und bei der Kundenbetreuung. Solche Hilfe-Chats sind nicht zum Plaudern gedacht, sondern sollen schnelle Lösungen bei Problemen liefern. Viele Unternehmen nutzen solche Chats seit Jahren: Jeder von uns ist bestimmt schon einmal beim Zusammenbau eines Möbels aus dem Haus eines schwedischen Herstellers verzweifelt. Der Chat schafft hier aggressionsfreie, schnelle Abhilfe. Ein Medienkaufhaus bietet einen Chat innerhalb der Öffnungszeiten des Hauses an. Dieser Chat wird vor allem dazu genutzt, das gewünschte Produkt aus dem großen Angebot auszuwählen. Durch die Beschränkung des Chats auf die Ladenöffnungszeiten beansprucht das Unternehmen keine zusätzlichen Personal-Ressourcen. Es gibt auch Support-Chats, die durch externe Dienstleister abgedeckt werden und eine 24/7-Betreuung (24 Stunden an jedem Tag der Woche) anbieten. Manche Chats werden auch von Chatbots bedient, das sind automatisierte Antworten auf typische, häufige Nachrichten oder Fragen von Kunden. Diese digitalen, KI-gesteuerten Assistenten sind sehr leistungsfähig und verbessern häufig die Qualität der Antworten im Chat. Natürlich stoßen auch die Chatbots irgendwann an ihre Grenzen – spätestens dann muss sich ein »echter« Mensch in den Kundinnen-Dialog einschalten.

Links

Diese Unternehmen unterstützen die Besucher ihrer Seite mit einer bequemen Chat-Funktion:
Bank: berliner-volksbank.de
Webhosting: one.com
Outdoor: vaude.com

Chats, die andere Aktivitäten begleiten

Chats können natürlich parallel zu anderen Tätigkeiten geführt werden. Das allseits praktizierte Multitasking lädt dazu ein, sich gleichzeitig auf mehreren Kanälen zu tummeln und zu informieren. So kann ein Chat während einer Skype-Video-Konferenz Fragen klären, ohne den Gesprächsfluss – gerade bei mehreren Teilnehmenden – zu stören. In Online-Kursen (Universität, Weiterbildungen) lassen sich in einem Chat Fragen zur laufenden Aufgabe bzw. zum Seminarthema stellen, ohne die Konzentration der anderen Lernenden zu gefährden. Wir nutzen in unserem Agenturalltag einen internen Chat auf unserem Agenturserver, der parallel zu den Projekten läuft und nach Projektgruppen geordnet ist. Auf diese Weise müssen nicht immer alle alles lesen. Den Chat haben wir zudem als App auf unseren Smartphones installiert, sodass wir überall und jederzeit am Puls der relevanten Agenturinfos sind.

Beispiel Frau und Herr Nördling sind Inhaber eines Kurzwarenladens in einer Kleinstadt. Zugleich betreiben Sie einen Online-Shop für handgefärbte Garne. Sie bieten auch regelmäßig Online-Seminare an, in denen sie Strick- und Häkeltechniken erklären. Parallel zum Online-Seminar haben sie einen Chat eingerichtet, damit dort in Echtzeit Fragen zum Gezeigten gestellt werden können. Herrn Nördling sieht man im Video-Kanal strickend bzw. häkelnd, Frau Nördling beantwortet derweil die Fragen, die über den Chat hereinkommen. Für die Kunden ist dies ein echter Mehrwert.

Tipp **Foren**

Nutzen Sie als Unternehmen auch Foren, um sich an Diskussionen zu beteiligen, die Ihre (potenziellen) Kundinnen bewegen. Stellen Sie sich ein Forum wie eine Diskussionsrunde von Menschen vor, die sich brennend für ein bestimmtes Thema interessieren. Und Sie steuern als Experte Ihr Wissen dazu bei.

Zu guter Letzt: Chats als kreatives Genre

Neue Kommunikationsformen haben kreative Menschen schon immer beschäftigt. Ob es Weltliteratur auf Twitter oder die neue Form des Briefromans als E-Mail-Schlagabtausch ist – es gibt spannende Ergebnisse, nähert man sich diesen Medien künstlerisch. Auf jetzt.de, dem jungen Ableger der Süddeutschen Zeitung, gibt es eine Kolumne, die allein auf WhatsApp-Nachrichten basiert. Schauen Sie sich das einmal an, es lohnt sich: bit.ly/3ioQxig.

Tipp **Chats kreativ nutzen**

Sind Sie in der Kreativwirtschaft zu Hause, könnten Sie einen Chat-Kanal als künstlerisches Medium nutzen, z. B. als Autor, Poetry-Slammerin, Konzertagentur, Fotografin usw. Lassen Sie Ihrer Fantasie freien Lauf!

Aus der Agenturpraxis

Auch wir stehen unter der Fuchtel der Autokorrektur. Anstelle einer Story unterhalten wir Sie hier mit unseren Korrektur-Favoriten, die von unserem internen Chat auf dem Agenturserver produziert wurden:

Wir müssen über die Somalier sprechen.
(Es ging um eine Sommelière – Weinkennerin –, die eine Website brauchte.)

Corporate Torture
(Gemeint war Corporate Wording. Wobei wir nicht hoffen, dass wir unsere Auftraggeberinnen tatsächlich damit quälen.)

Hier kann man gut nachlesen, was die Balkenwaagen angeht.
(Es ging um Bankensachen, d. h. Hintergrundinfos zum Bankwesen.)

Verdammt, ich hab schon wieder vergessen, die Perversen auszunutzen!!!
(Dies schrieb ein schuldbewusster Mitarbeiter, der alte Papier-Reserven links liegen gelassen hatte.)

Seid ihr zum Feuerbestattung mitm Bier dabei?
(Das sollte eigentlich ein feucht-fröhlicher Feierabend werden.)

Möchten Sie über Autokorrektur-Fehler im Englischen herzhaft lachen? Schauen Sie sich auf YouTube die Video-Schnipsel »Clumsy Thumbsy« aus der Ellen-DeGeneres-Show an.

Kapitel 15

E-Mails

Was Sie heutzutage in Ihrem Briefkasten an Printprodukten finden, hat meist mit Werbung zu tun: Versandkatalog, Postkarte, raffiniert gefalteter Umschlag, aus dem sich weitere Seiten entfalten usw. Einen klassischen Brief findet man selten. Selbst Rechnungen werden heute meist online verschickt. Das Kundenanschreiben als Brief oder die Korrespondenz auf dem Briefpapier Ihres Unternehmens sind selten geworden. Das digitale Medium der E-Mail ist an die Stelle des Papier-Anschreibens getreten. Und exakt hier setzen Sie mit Ihren E-Mails an: Es sind nämlich Geschäftsbriefe, nur eben digital. Das bedeutet, dass hier die Konventionen der Business-Korrespondenz gelten.

E-MAILS SIND GESCHÄFTSBRIEFE

Wir sprechen hier nicht über private E-Mail-Korrespondenz. Es geht um Texte aus Ihrem Unternehmen, also sind Groß- und Kleinschreibung, korrekte Rechtschreibung, Anrede und Verabschiedungsformel angesagt. Gerade beim Erstkontakt sind diese Formalien bedeutsam. Schreiben Sie in einem freundlichen, höflichen Ton – nicht flapsig werden, nur, weil wir uns im digitalen Raum befinden. Im Zweifel wählen Sie stets die konventionellere Variante Ihrer Formulierungen. Ein guter Ton in der E-Mail stimmt jede Leserin gewogen. Seien Sie äußerst sparsam mit Emoticons, also Zeichen, die ein Gefühl ausdrücken sollen. Sie setzen sich aus einzelnen Buchstaben und Satzzeichen zusammen. Dies sind die geläufigsten:

- :-) oder :) stehen für Freude.
- :-(oder :(stehen für Unzufriedenheit.
- ;-) oder ;) stehen für Augenzwinkern.

Emoticons können Sie verwenden, wenn Sie den Empfänger gut kennen und einen informellen sprachlichen Umgang miteinander pflegen. Manchmal helfen sie, ein nüchternes Thema ein wenig aufzupeppen – hier brauchen Sie jedoch viel Fingerspitzengefühl.
Auslassungspunkte … sind in E-Mails ebenfalls häufig anzutreffen. Sie markieren einen Gedankengang, der noch weitergesponnen werden kann. Im Grunde ist es das »Äh« oder »Hm«, das wir aus Gesprächen kennen. Ein regelmäßiger E-Mail-Kontakt ist ja auch ein wenig wie ein Gespräch. Noch stärker allerdings stehen Chats dafür (↗ Kapitel 14). Dort gelten auch andere Regeln; Auslassungspunkte, Emoticons, Emojis – das ist dort gang und gäbe. In Ihren Business-E-Mails ist im Zweifelsfall immer Zurückhaltung geboten.

Tipp **Muster für gute E-Mails**

Sind Sie unsicher, schauen Sie im Duden-Ratgeber »Geschäftskorrespondenz« nach. Dort sind zahlreiche Beispiele für E-Mails im Business-Zusammenhang hinterlegt, die Sie kostenlos runterladen können.

Betreffzeilen

Manchmal ist sie unsere letzte Rettung: die Betreffzeile. Wenn wir nämlich unsere 148 Mails checken, gibt uns die Betreffzeile Orientierung, worum es in dem Haufen an Nachrichten geht. Wir sortieren blitzschnell nach wichtig und unwichtig. Das geht nur mit einer Betreffzeile, die klar benennt, worum es in der E-Mail geht. Ist sie zu lang, wird sie »abgeschnitten«, und wir müssen raten. Mein Rat: bis zu sechs Wörter sind in Ordnung – mit Ausnahmen. Und wir lieben unsere agentureigene Formel PMET: Pro Mail Ein Thema. Behandeln Sie nicht mehrere Themen in einer Mail. Wir wissen alle, wie wohltuend es ist, Mails endlich abgearbeitet zu haben. Sind in einer einzigen Mail mehrere Aufgaben »versteckt«, die womöglich noch nicht einmal alle Empfängerinnen etwas angehen, so lässt sich diese Mail lange nicht als »erledigt« markieren. Gönnen Sie jedem einzelnen Thema eine gesonderte Mail – der Empfänger wird es Ihnen danken.

Lieber nicht	**Besser so**
Was auf die Projektgruppe zukommt	Aufgaben für Mai 2021
Neue Regelung	Anhänge nur noch über Server schicken
Termin, juristischer Rat, Urlaubszeiten, neue Kollegin	*4 E-Mails daraus machen:* • Unser Termin am 15. April 2021, 12.00 Uhr • Einschätzung der Fachanwältin für Markenrecht • Meine Urlaubszeit: 1. bis 10. März 2021 • Neue Kollegin Tracey Mahmoud
Neue Produktbeschreibungen	Produktbeschreibung »Mila«, »Sören«, »Orhan«

Begrüßungsformeln

Bei einer im Business-Zusammenhang gesendeten Mail handelt es sich prinzipiell um die digitale Form des Briefes. Der Favorit für die Begrüßungsformel lautet daher »Sehr geehrte/r ANREDE NACHNAME«. Kennen Sie die Empfängerin besser und pflegen Sie ein herzliches Verhältnis, geht auch »Liebe/r«. Ich persönlich halte nichts von »Hallo« als Anrede, obwohl sie immer häufiger anzutreffen ist. Es ist letztendlich jedoch branchenabhängig – und Geschmackssache.

Gehen E-Mails schnell hin und her, können Sie im Ausnahmefall die Begrüßung und Verabschiedung auch abkürzen oder ganz weggelassen. Die hohe Schlagzahl der E-Mails suggeriert ein Gespräch, bei dem Sie ebenfalls nur am Anfang und Ende eine Formel gebrauchen würden. Dennoch gilt: Ihr Gegenüber sollten Sie schon ein Weilchen kennen, bevor Sie auf diese informelle Art kommunizieren.

Für interne Mails und für Kollegen auf der gleichen Ebene der Unternehmenshierarchie gelten diese Regeln für die Anrede nicht. Solange sich alle wohlfühlen, variieren Sie gerne nach Lust und Laune: Von »Hi« über »Hoi zäme« und »Moin Moin« bis hin zu »Folks!« ist alles erlaubt.

Verabschiedungsformeln

Hier gilt wieder die Orientierung am Brief, daher: »Freundliche Grüße«. Kennt man einander besser, variieren Sie diese Formulierung ein wenig. Bauen Sie eine Info zum Wetter ein oder zum Ort, von dem Sie schreiben, vorausgesetzt, Sie haben mit der Empfängerin bereits einmal korrespondiert. Für den Erstkontakt empfiehlt sich oft die nüchterne, klassische Version – aber auch hier kommt es auf die Branche an. Was in Geschäftsmails nicht geht, sind Verabschiedungen wie »Tschüss« oder »Ciao«.

Tipp **Fühlen Sie sich ein**

Wenn Sie zuerst angeschrieben werden, gibt der Absender bereits einen Ton vor. Ist dieser Ton Ihnen angenehm, antworten Sie mit einer ähnlichen Begrüßungs- und Verabschiedungsformel.

Beispiel So können Sie Verabschiedungsformen variieren:

- Herzliche Grüße
- Liebe Grüße (auch oft mit LG abgekürzt; eher für den privaten oder internen Gebrauch geeignet)
- Mit sonnigen Grüßen
- Regenwetter-Grüße ins hoffentlich sonnige Linz
- Mit freundlichen Grüßen aus Heidelberg
- Mit zuversichtlichen Grüßen
- Herzliche Grüße in die Hauptstadt
- Freundliche Grüße aus dem Rheingau
- Ein herzliches Grüezi aus dem Unterland

Manche Absenderinnen von kurzen, eiligen E-Mails verwenden die Abkürzung EOM (*end of message*, »Ende der Nachricht«), um den Abschluss der Nachricht zu markieren. Nach einer Verabschiedungsformel ist diese Information aber eigentlich unnötig und ohne Grußformel wirkt sie recht unhöflich.

Der Haupttext – das Anschreiben

Denken Sie hier wieder an einen Geschäftsbrief und stellen Sie sich diesen als eine halbe DIN-A4-Seite vor. E-Mails sind für kurze Korrespondenzen gedacht. Im ersten Absatz kommen Sie gleich auf Ihr Thema zu sprechen, im zweiten Absatz folgen Handlungsansätze, und mit etwa ein bis zwei Sätzen binden Sie das Schreiben ab, Verabschiedungsformel – fertig. Verzichten Sie auf ein PS – das stört den Lese- und Verständnisfluss. Ist etwas vordringlich, werden Sie es im Text erwähnen. Ist es unwichtig, lassen Sie es in einer E-Mail weg. Beachten Sie die Grundregeln für gute Texte (↗ Kapitel 2 und 3). Zentrale Informationen können Sie auch einrücken – z. B. eine Uhrzeit, die einen brenzligen Termin markiert. Sind mehrere kurze Informationen zu beachten, können Sie auch mit Aufzählungspunkten (Bullet Points) arbeiten.

Machen Sie es dem Empfänger so bequem wie möglich: Erwähnen Sie in der E-Mail ein Datum, schreiben Sie es vollständig mit TAG. MONAT. JAHR UHRZEIT, denn so kann die Empfängerin es mit einem einzigen Klick in ihren Kalender übernehmen. Nehmen Sie auf eine Information Bezug, hinterlegen Sie den relevanten Begriff gleich mit einem passenden Link. Der Leser kann sich sofort über den Inhalt informieren, ohne selbst im Web suchen zu müssen. Geht es um eine Anmeldung zu einer Veranstaltung, können Sie die gewünschte E-Mail-Adresse, unter der sich die Empfängerin anmelden soll, direkt in den Text hineinkopieren. Der Leser muss nur noch die E-Mail-Adresse anklicken und ein neues E-Mail-Fenster öffnet sich, in das die korrekte Empfangs-Adresse bereits eingetragen ist.

Beispiel Betreffzeile: Druck auf durchgefärbtem Papier nicht möglich

Sehr geehrte Frau Chapbend,

der von Ihnen gewünschte Druck (4/4-farbig) ist auf dem Papiermuster, das Sie uns zugesandt haben, nicht möglich. Die Farbe würde nicht gut auf dem Papier »stehen« – die Details der Infografik wären nicht mehr erkennbar.
Es gibt eine gute Alternative: Schneiderhahn hat ein ähnliches Papier im Sortiment. Es ist etwas heller, die Oberfläche ist glatt gestrichen. Möchten Sie, dass wir mit dem Papier von Schneiderhahn einen Andruck machen? Bitte geben Sie uns kurz Bescheid unter magliari@druckoption.de oder 0221 12345678.

Herzlichen Dank und freundliche Grüße
Roberto Magliari

E-Mail-Signaturen

Sie sind unerlässlich, denn sie sind wie das Impressum einer Website oder eines Print-Magazins. Im Gegensatz zum klassischen Brief gibt es keine Unterschrift, die uns die Echtheit der Absenderin bestätigen würde. Wer schreibt da? In welcher Funktion? Wie kann ich mit der Person in Kontakt treten? Mindestens diese Elemente sollte die Signatur in einer E-Mail enthalten:

- Vor- und Nachname des Verfassers der E-Mail
- Name des Unternehmens mit Rechtsform
- Adresse des Unternehmens
- E-Mail-Adresse der Verfasserin
- Telefonnummer, unter der der Verfasser erreichbar ist
- Website des Unternehmens als Link

Eine E-Mail im kaufmännischen Geschäftsverkehr muss – das ist gesetzlich geregelt – zudem diese Details aufweisen:

- Nennung der Firma, wie sie im Handelsregister eingetragen ist
- Ort der Niederlassung (sogenannte ladungsfähige Anschrift)
- Registergericht (mit der Registernummer des Unternehmens im Handelsregister)
- bei GmbHs: Nennung der Geschäftsführerin

Tipp **Juristischer Rat**

Lassen Sie sich beraten, wie Sie die Signatur für Ihr Unternehmen abmahnsicher gestalten. Eine gesetzliche Pflicht zur E-Mail-Signatur besteht für KGs, OHGs, GmbHs und AGs. Selbstständige sind nur dazu verpflichtet, eine E-Mail-Signatur zu führen, wenn sie im Handelsregister eingetragen sind.

Kein Muss, aber ein Mehrwert für den Empfänger:

- Funktion der Verfasserin im Unternehmen
- Durchwahl des Verfassers
- Unternehmenslogo (integriert in die Signatur, nicht als Anhang/ Attachment)
- Hinweis auf weitere Internetauftritte des Unternehmens
- Social-Media-Icons

Vorsicht, Signaturen können auch schnell zu lang werden. Das passiert, wenn über die gesetzlich vorgeschriebenen Bestandteile hinaus zu viele Links angeboten oder Zitate, Bilder usw. mit in die Signatur eingebaut werden. Auch Logos können zu groß sein und dadurch viel Platz wegnehmen. Manchmal ist die Signatur länger als der eigentliche Text der E-Mail. Das ist ungünstig.

E-Mail-Templates

Nutzen Sie Ihr ganz alltägliches E-Mail-Programm, werden Ihre Mails als schwarze Schrift auf weißem Grund erscheinen. Das ist gut! Experimentieren Sie nicht mit Farben und Schriftgrößen – das lenkt ab (↗ Kapitel 5, speziell zum Thema Schrift). Müssen Sie auf etwas besonders aufmerksam machen, etwa anstehende Betriebsferien, sind Ausnahmen erlaubt. Sie können z. B. einen entsprechenden Hinweis in einer anderen Farbe über die Signatur setzen. Sie müssen diesen Hinweis nicht unbedingt mit einer anderen Schriftgröße ausstatten, und falls doch, so wählen Sie lieber eine kleinere als eine größere.
Es gibt für E-Mails auch sogenannte Templates, das sind Vorlagen, die speziell gestaltet sind. Ihr Text erscheint z. B. auf hellblauem Grund mit einem Rahmen. Der obere Bereich ist vielleicht mit einer Ranke versehen usw. Das sind nette Spielereien, sie gehen aber auf Kosten von Ladezeiten im System. Zudem lenken sie die Leserin vom Inhalt ab. Würden Sie einen Geschäftsbrief z. B. auf kariertem Papier ausdrucken? Eher nicht. Der Bestellbestätigung eines Shops würde man eine kunstvoll gestaltete E-Mail vielleicht noch durchgehen lassen. Aus meiner Sicht ist eine puristisch gehaltene E-Mail aber immer die beste Wahl – wir können uns alle ohnehin vor lauter visuellen Reizen kaum noch retten. Bleiben Sie schlicht – entlasten Sie das Auge des Lesers.

Automatisierte E-Mails

Ein häufig vernachlässigtes Gebiet sind E-Mails, die im Zusammenhang mit Bestell- oder Anmeldeprozessen an Kundinnen verschickt werden. Die Texte auf der Website selbst, die Beschreibungen im E-Shop, die Aufforderung, einen Newsletter zu abonnieren – all das liest sich gut. Wird jedoch eine Bestätigungsmail versandt, macht sich niemand mehr Gedanken darum, dass auch diese gut getextet sein muss.

Beispiel Der Besucher einer Seite für Wassersportgeräte möchte sich für den beliebten Kanalsprint als Teilnehmer registrieren. Er gibt seine E-Mail-Adresse an, und im Feld erscheint der Hinweis:
»Soeben wurde ein Link an die von Ihnen angegebene E-Mail-Adresse von unserem System versandt. Nach Bestätigung des Links werden Sie als Teilnehmer registriert.«

Geht der Leser in sein E-Mail-Postfach, findet er diesen Text in der angekündigten E-Mail:

»(Betreffzeile) Link Bestätigung
Nach Klicken auf diesen Link sind Sie als Teilnehmer registriert. Sollte der Link nicht anklickbar sein, in die Browserzeile kopieren.«

Wir sind es bereits so gewohnt, solche langweiligen Instruktionen zu erhalten, dass uns gar nicht mehr auffällt, wie viele Möglichkeiten zu positivem Kundenkontakt hier verschenkt werden. (Mal abgesehen vom Nominalstil, der sollte Ihnen nach Lektüre des Kapitels 2 nun ins Auge springen.)
So würden wir es lösen (Wir duzen, denn es geht um Teamgeist, um eine Sportveranstaltung, in der das Gruppenerlebnis im Vordergrund stehen wird.):

(Hinweisfeld)
Wie schön! Wir veranstalten im Juni wieder unseren beliebten Kanalsprint, und du willst dabei sein. Du bist nur noch wenige Paddelschläge vom Ziel entfernt. Wir haben dir eine E-Mail geschickt, denn wir möchten sichergehen, dass es auch wirklich du bist, der mitsprinten möchte. Klicke in der E-Mail den Link an. Damit bestätigst du, dass du zu unserem sportlichen Team gehören möchtest.

(Bestätigungs-E-Mail)
»Willkommen, Sportsfreund/in!« (Betreffzeile)
Wenn du nicht aus Zucker bist und eine ungefähre Vorstellung davon hast, was Steuerbord und Backbord bedeuten, bist du hier richtig. Klicke auf diesen Link – und deine Anmeldung ist bestätigt. Immer eine Handbreit Wasser unterm Kiel wünscht dir das Team von XY.«

Falls möglich, sollten solche Bestätigungsmails personalisiert sein, d. h. die Empfängerin wird mit der korrekten Anrede und ihrem Namen angesprochen. Die Daten lassen sich bereits im Anmeldeprozess abfragen. Dazu richten Sie bei der Abfrage der E-Mail-Adresse entsprechende Felder ein. Überlassen Sie es dem User, ob er diese ausfüllen möchte oder nicht. Später können Sie in allen folgenden E-Mails, Newslettern usw. diese Daten für eine persönliche Anrede weiter nutzen (↗ Kapitel 16).

Purismus ist immer gut!

Die Grafik auf Seite 192 zeigt den klassischen Aufbau einer E-Mail.
1. Teil: Einstieg mit klarer Benennung des Themas der E-Mail
2. Teil: Handlungsansatz (Was muss unternommen werden? Was ist noch ungeklärt? usw.)
   eingerückt: wichtige Daten, Zahlen, Termine
3. Teil: Abbinder (Vorschlag, Aufforderung, Bestätigung usw.), Verabschiedungsformel, Signatur und ggf. Logo sowie Social-Media-Buttons

KLASSISCHER AUFBAU EINER E-MAIL

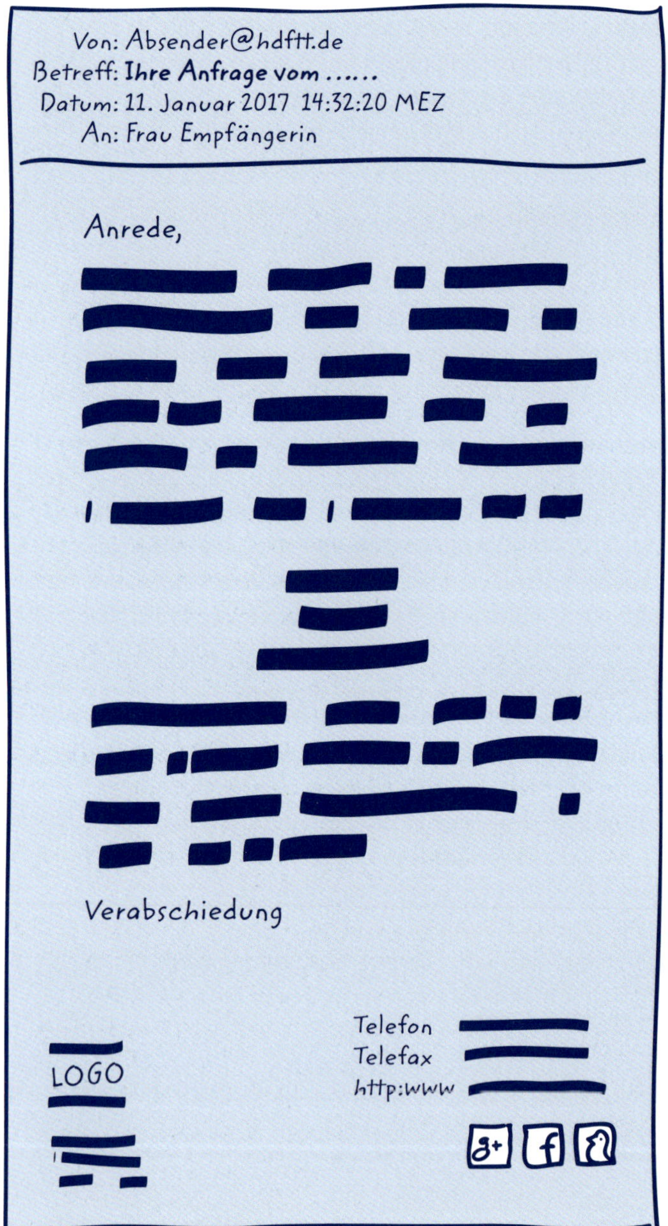

Aus der Agenturpraxis

Die neue Website des Weinguts steht endlich. Die Nichte des Winzers, die das Weingut bald übernehmen wird, streitet mit ihrem Onkel über die Art der Vermarktung. »Wieso denn eine neue Internetseite? Unsere geht doch.« »Konrad, die ist uralt. Sie ist nicht responsiv. Sie hat keine schönen Fotos.« »Die Fotos sind gut. Die habe ich alle selbst vor fünf Jahren gemacht.« »Und wir brauchen einen Newsletter, Konrad, unsere Kunden müssen wissen, welche Jahrgänge du im Keller hast.« »Du meinst, wir sollen die Preislisten verschicken, oder?« »Hm, ja, die auch, aber digital, also per E-Mail.« »Ich schreibe keine E-Mails. Und wenn, schreibe ich alles klein. Basta.« »Nein, Konrad, Groß- und Kleinschreibung gehört sich auch in E-Mails.« »Ich lass mir nicht sagen, was sich gehört und was nicht.« So geht das vor unseren Augen munter weiter. Immerhin, den Relaunch hat sie durchgesetzt! Und bei der E-Mail-Sache scheint sie auch nicht aufgeben zu wollen. Eine weinaffine Kollegein bestellt nach einiger Zeit direkt beim besagten Weingut. Sie erhält diese E-Mail als Bestellbestätigung:

(Die Betreffzeile:)
bestellung vom 12.3.21
(Der E-Mail-Text:)
sehr geehrte damen und herren,
meine nichte ist gerade in neuwe york, riesling-messe. darum beantworte ich ihre bestellung vom 12.3.21. wir liefern frei haus 3 × 12 fl gutsriesling, 3 × 12 fl gg und 1 × 6 fl winzersekt. danke für die bestellung.
mfg hemmershagen
(Darunter die Signatur seines E-Mail-Accounts:)
Wein- und Sektgut Hemmershagen GbR
Moselstraße 123
12345 Moselhain
Tel. 0123 123456
k.hemmershagen@weingut.de | www.weingut-hemmershagen.de

PS: Ich bin Weinbauer. Ich arbeite jeden Tag im Weinberg oder im Keller. Tastaturen sind nichts für mich. Erlauben Sie mir, dass ich alles kleinschreibe. Diese PS-Zeilen hat meine Nichte geschrieben, nicht ich. Sonst würden Sie darin keinen einzigen Großbuchstaben finden.

Kapitel 16

Newsletter

Newsletter sind nicht dazu da, Ihre Leserinnen darüber aufzuklären, wie toll Ihr Unternehmen ist. Diesen Fehler haben wir in unseren ersten Agentur-Newslettern gemacht; ich befürchte, dass sich der Benefit für unseren Empfängerkreis in Grenzen hielt. Die Abonnentin eines Newsletters möchte einen Erkenntnisgewinn, eine gute Information, einen neuen Aspekt der Branche kennenlernen, in der sich das Unternehmen bewegt, eine Einschätzung der aktuellen Marktsituation usw. Natürlich soll die Selbstdarstellung dabei nicht zu kurz kommen. In erster Linie jedoch dient der Newsletter dem Leser – und nicht der Leser dem Bedürfnis nach Vermarktung des eigenen Unternehmens. Ein gut gemachter Newsletter baut langfristige Bindungen auf. Also aufgepasst – packen Sie es gleich richtig an.

EIN PAAR NEWSLETTER-BASICS

Eine Leserin darf mit einem Newsletter niemals zwangsbeglückt werden, d. h. ohne ihr ausdrückliches Einverständnis darf kein Newsletter an Empfänger geschickt werden. Dies ist sowohl im UWG (Bundesgesetz gegen den unlauteren Wettbewerb) als auch durch die DSGVO geregelt. Die Interessierte muss ihr Kreuzchen immer selbst setzen (sogenanntes Opt-in), wenn sie den Newsletter erhalten möchte. Sie muss diesen Wunsch noch einmal bestätigen, indem sie einen Link in der juristisch vorgeschriebenen Bestätigungs-E-Mail anklickt (Double-Opt-in). Vorausgefüllte Kästchen, in denen bereits ein Kreuz gesetzt ist, sind nicht (mehr) zulässig. Früher war diese Opt-out-Funktion an dieser Stelle möglich – es gehörte aber noch nie zum guten (Web-)Ton.
Was den Inhalt angeht, sollte ein Newsletter zwar unterhaltsam und informativ sein, jedoch nicht unzählige verschiedene Themen behandeln. Beschränken Sie sich pro Newsletter entweder auf ein Thema, das Sie aus verschiedenen Blickwinkeln beleuchten, oder bauen Sie drei bis maximal sechs kleine Themeneinheiten auf. Merke: Ein Newsletter wird oft schnell zwischendurch überflogen. Er ist selten Gegenstand ausführlicher Lektüre. Wer sich einmal von einem Newsletter abgemeldet hat, kommt meist nie wieder. Portionieren Sie also Ihre Inhalte in leicht konsumierbare Happen.

Die großen Helfer: Newsletter-Anbieter

Auf ein vernünftiges Newsletter-Werkzeug sollten Sie nicht verzichten. Mit einem einzigen Tool können Sie Ihren Newsletter reizvoll gestalten, die Empfängerlisten mühelos verwalten, die Aussendungen terminieren, für eine gute technische Lösung der Darstellung innerhalb der unterschiedlichen E-Mail-Programme der Empfängerinnen sorgen usw. Auch auf rechtliche Regelungen werden Sie von einem guten Programm aufmerksam gemacht, z. B. auf die Impressumspflicht, die auch für Newsletter gilt, oder auf den notwendigen »Unsubscribe«-Link (Abmeldemöglichkeit vom Newsletter).

Mit einer Software für Newsletter lassen sich Newsletter schnell und einfach anlegen. Dabei können Sie aus unterschiedlichen »Themes« auswählen, ähnlich wie bei der Gestaltung von Blogs (↗ Kapitel 9). Zusätzlich bietet die Software Analyse-Tools. Diese können zeigen, wie viele Empfänger den Newsletter überhaupt geöffnet haben und wie oft bestimmte Bereiche in einem Newsletter angeklickt wurden. Sie zeigen z. B. Leserinnen mit den höchsten Klickzahlen, sie bewerten »treueste« Leser, sie zeigen Ihnen sogar an, in welchen Ländern sich Ihre Leserinnen befinden. Diese Tools sind zentral für die Erfolgsmessung und Optimierung des Newsletters.

Tipp **Newsletter-Provider sind sinnvoll**

Über ein normales Mailprogramm können Sie nicht gleichzeitig an unbeschränkt viele Personen Mails versenden. Solche Mails werden meist von den E-Mail-Systemen als Spam (unerwünschte Werbung) interpretiert und geblockt. Allein deshalb sollten Sie auf einen Newsletter-Provider (Anbieter) zurückgreifen.

Beispiel Eine Fahrradmanufaktur, ein Kollektiv aus fünf passionierten Radfahrenden, sendet ihre ersten Newsletter aus und stellt mithilfe der Analyse-Tools fest, dass sich so gut wie niemand für das Thema »Rad und Kids« interessiert. Die Klickzahlen für den Beitrag »Kinder-Laufräder« bewegen sich um die 4 %, dagegen scheint der Artikel über Tandemräder (Klickrate 31 %) einen Nerv zu treffen. Das Kollektiv beschließt, die Inhalte des nächsten Newsletters anders auszurichten und das Thema »Rad und Kids« erst im November und Dezember wieder anzuspielen (Weihnachtsgeschäft!).

Links

Diese Newsletter-Programme sind ein Segen für alle, die an mehr als 50 Empfänger versenden. Und Sie versenden doch ganz bestimmt an mehr als 50?! Falls noch nicht, wachsen Ihre Erkenntnisse zu Newslettern mit der Abonnentenzahl.
Unser Favorit, die Oberfläche ist jedoch in Englisch:
mailchimp.com

Weitere sind:
cleverreach.de
sendinblue.com
getresponse.de
rapidmail.de

Für einen anschaulichen Vergleich verschiedener Newsletter-Programme:
emailtooltester.com

Die Absenderin

Seien Sie sorgfältig, was den genauen Wortlaut der Absenderzeile Ihres Newsletters angeht. Sie können in den gängigen Newsletter-Programmen einstellen, was als Absenderin erscheinen soll. Formulieren Sie selbst nichts, lautet der Absender wie die E-Mail-Adresse, von der aus der Newsletter verschickt wird. Gehen wir wieder von dem Fahrradladen aus, der an Kundinnen und solche, die es bald sein sollen, Newsletter verschicken möchte: Besser als z. B. aussendung-newsletter@marketing.de ist eine Absenderzeile, aus der hervorgeht, von wem der Newsletter genau stammt. Zum Beispiel »post@fahrradmanufaktur.de« wäre ein Türöffner, während die zuerst genannte Adresse von der Empfängerin oder vom System als unerwünschte Werbung eingeschätzt werden und im Spam-Ordner landen könnte.

Die Betreffzeile

Der zweite Türöffner für einen Newsletter ist die Betreffzeile. Sie können die Zeile schlicht »Newsletter Fahrradmanufaktur« nennen, das ist nicht verkehrt, geht aber noch besser. So können Sie für jede Ausgabe die Betreffzeile neu einstellen. Wie wäre es damit: »Fahrradsommer für die Familie«, »Herbsttouren für Mountainbiker:innen« oder »Mit 2 Jahren aufs eigene Rad steigen«.

Text und Bild im Wechsel

Erfolgreiche Newsletter bieten der Leserin eine gute Kombination von Bild und Text. Häufig ist der Aufmacher im oberen Bereich des Newsletters ein echter Eyecatcher – ein Bild, das das Auge des Betrachters »einfängt«. Nun folgt eine kurze Textpassage, auf die wieder ein Bild folgt. Ein solches Layout lockert den Newsletter optisch auf. Sowohl Text als auch Bild bieten mannigfache Möglichkeiten der Verknüpfung, sei es mit der eigenen Unternehmensseite, mit einem Social-Media-Account, mit dem eigenen Blog oder mit Links zu Herstellerinnen, Business-Weggefährten, Hintergrundinfos, Kooperationspartnerinnen.

Beispiel Die Fahrradmanufaktur setzt in den oberen Teil des Newsletters ein von schräg unten aufgenommenes Foto eines Downhill-Bikers mit schlammbespritztem Trikot. Das ist ein Bild-Trigger für alle Mountainbike-Fans. Das Foto wird mit der korrekten Urheberangabe versehen und erhält die Bildunterschrift »Speed total auf Carbon-Bike von Nukeproof«. Die Fahrradmarke ist ein anklickbarer Link, der auf die Website der Fahrradmanufaktur führt, Unterseite Downhill-Bikes. Das Foto selbst ist auch verlinkt und führt ebenfalls auf die Unterseite. Der Hersteller Nukeproof hat der Fahrradmanufaktur die Genehmigung gerne erteilt, das Foto für den Newsletter zu benutzen. Es ist ein professionell aufgenommenes Bild, das eingefleischten Bikerinnen den Mund wässrig macht.

Unterhalb des Fotos steht der erste Textabschnitt. Er ist gefettet und fungiert als Teaser-Text, ist also nur wenige Zeilen lang (mehr zu Teaser-Texten ↗ Kapitel 9). Er lautet:

»Hey, Fans, wir haben ein paar Hammer-News für euch: Nukeproof bringt ein Carbon-Bike mit langhubiger Federgabel raus – wir haben es für euch im Harz getestet. Tom und Gabi sind auf ihren Specialized Roubaix die Tour de France mitgefahren – ihr brutaler Bericht weiter unten. Außerdem: Das neue Liege-Tandem von Hase ist da. Ist nur was für symbiotische Paarbeziehungen. Viel Fun beim Lesen! Euer Team von der Fahrradmanufaktur.«

In diesem Teaser-Text wurden sogenannte Ankerlinks gesetzt: Die Schlüsselbegriffe der drei Themen des Newsletters werden so verlinkt, dass Neugierige direkt innerhalb des Newsletters zur gewünschten Sektion gelangen.

Nun folgt wieder ein Foto – es geht um das Testen des zuvor genannten Bikes im Harz. Der Text, der dazu folgt, wird nach vier Zeilen »abgeschnitten« mit dem Hinweis »>Testfahrt im Harz weiterlesen«. Klickt der Leser auf diesen Hinweis, findet er den gesamten Beitrag als Blog-Artikel auf der Website der Fahrradmanufaktur wieder. Das hat den Vorteil, dass Leserinnen, die der Harz-Artikel nicht interessiert, bequem den Newsletter mehr oder weniger auf einen Schlag erfassen können, denn er bleibt kurz. Andere Leser können sich in Ruhe den gesamten Artikel auf dem Blog durchlesen und vielleicht im Blog weiterstöbern. Dies ist aus Sicht der Suchmaschinen relevant (↗ Kapitel 6).

Nun kommt als nächste Sektion – Sie ahnen es schon – wieder ein Bild: Ein selbst aufgenommenes Bild von Tom und Gabi, die sich am Mont Ventoux abquälen. Fotoquelle: privat, also keine Lizenzprobleme (↗ Kapitel 9 zu Bildrechten). Die BU (Bildunterschrift) lautet: »Unsere Held:innen am Streckenabschnitt Mont Ventoux«. Die Überschrift der Textpassage lautet: »Unser Team bei der Tour de France«. Der Begriff »Tour de France« ist verlinkt und führt zu den aktuellen Streckenabschnitten auf der offiziellen Website des Veranstalters. Der Text: zwei tagebuchähnliche Einträge, die ebenfalls nach wenigen Zeilen mit dem Verweis »>den ganzen Blogeintrag lesen« enden:

»Dienstag, 14 Uhr. Tom will aufgeben, das rechte Knie macht es nicht mehr. Unser Physio packt es ins Eis. Nur noch diesen einen Berg, Mann.

Mittwoch, 7 Uhr. Alles tut weh. Sonnenaufgang am Luberon: megacool. Tom fährt wieder. Heute Bike gewechselt. >den ganzen Blogeintrag lesen.«

So, jetzt sind Sie dran, sich etwas zum Liege-Tandem für symbiotische Beziehungen auszudenken. Nur zu! Schicken Sie uns Ihre Vorschläge an clever-texten@text-vanlaak.de. Die beste Idee wird belohnt: Sie erhalten ein signiertes Exemplar dieses Buches plus ein Exklusivinterview auf clever-texten-fuers-web.de. Wir freuen uns schon jetzt auf Sie!

Es gibt auch Newsletter, die nur aus Text bestehen; häufig wird auf hohem Niveau informiert; es geht um Branchennews, Pressemitteilungen und Ähnliches. Sie dienen der gezielten Fachinformation einer Klientel, die nicht animiert werden muss, etwas zu lesen, zu kaufen oder sich überhaupt damit zu beschäftigen. Ein nutzungsfreundliches Element kann in diesen Fällen – aber auch sonst – ein Inhaltsverzeichnis sein, in dem von den Themen zu den einzelnen Artikeln verlinkt wird.

Links

Diese Newsletter liest man gerne:
Lebensmittel: shop.good-bank.de/de
Shop für Möbel und Heimtextilien: urbanara.de
Geldinstitut: berliner-sparkasse.de
Luxushotel: soelring-hof.de
Nachrichtenmagazin: perspective-daily.de
Unspektakulärer, erfrischend authentischer Newsletter des Designer-Duos Bouroullec: bouroullec.com
Online-Magazin für Frauen: editionf.com
Bildlastiges Frauenmagazin: femtastics.com
Kulturgenuss: deutscheoperberlin.de

Diese Newsletter sind reine Text-Newsletter:
Bundesverband: bvr.de
Usability-Experten: nngroup.com
Agentur: internetwarriors.de

Nicht die Texte »drumherum« vergessen

Oft vernachlässigt, weil man es sich als Absenderin nicht bewusst macht: die Texte innerhalb des Einwilligungsverfahrens für die E-Mail. Sie haben also den Leser dazu gebracht, dass er Ihren Newsletter abonnieren möchte. Er klickt auf den entsprechenden Button und erhält wahrscheinlich einen Text wie diesen:
»Zur endgültigen Aufnahme in den Newsletter-Verteiler bitten wir Sie, Ihre Anmeldung für den Newsletter zu bestätigen. Ihnen ist soeben eine Bestätigungs-E-Mail zugesendet worden. Zur Aktivierung des Newsletter-Empfangs klicken Sie bitte in der E-Mail auf den Link. Falls Ihnen keine E-Mail von uns angezeigt wird, ist unter Umständen eine Überprüfung des Spamordners notwendig. Eine Abmeldung vom Newsletter ist jederzeit möglich.
Mit freundlichen Grüßen, Ihr Marketing-Team«

Da hat man als Leserin eigentlich schon keine Lust mehr auf das Newsletter-Abo, oder? Dabei lässt sich jeder einzelne Text, der »hinter den Kulissen« erscheint, individuell formulieren, ob Sie nun mit einer Newsletter-Software wie MailChimp arbeiten oder nicht.

So klingt der obige Text schon viel offener und freundlicher:
»Schön, Sie möchten unseren Newsletter erhalten! Dazu ist noch ein Schritt notwendig: Wir haben Ihnen gerade eine E-Mail geschickt. Darin befindet sich ein Link, den Sie bitte anklicken – und schon ist Ihre Anmeldung vollständig. (Mit diesem Verfahren schützen wir Sie davor, dass Sie womöglich von einer anderen Person ohne Ihr Wissen für unseren Newsletter angemeldet werden.) Falls Sie unsere soeben gesendete E-Mail nicht in Ihrem Posteingang finden können, schauen Sie bitte vorsichtshalber im Spamordner nach. Wünschen Sie unseren Newsletter irgendwann einmal nicht mehr, können Sie sich natürlich wieder abmelden.
Auf Wiederlesen und Weiterradeln, Ihr Team von der Fahrradmanufaktur«

Weitere Textstücke, die Sie sich vornehmen sollten:

- die besagte E-Mail mit dem Link zur Bestätigung
- eine Bestätigung, dass der Leser nun tatsächlich im Verteiler ist
- einen freundlichen Text für den Fall, dass die Leserin später den Button »Abmelden« sucht
- einen freundlichen E-Mail-Text zur Bestätigung der Abmeldung
- falls gewünscht: einige Fragen, warum der Leser den Newsletter nicht mehr erhalten möchte; entsprechenden Dank formulieren, falls dieser auf die Fragen eingeht; während des Abmeldeprozesses können Sie der Userin auch anbieten, dass sie den Newsletter in geringerer Frequenz erhält (↗ Kapitel 15).

SCHEMA EINES ABWECHSLUNGSREICH GESTALTETEN NEWSLETTERS

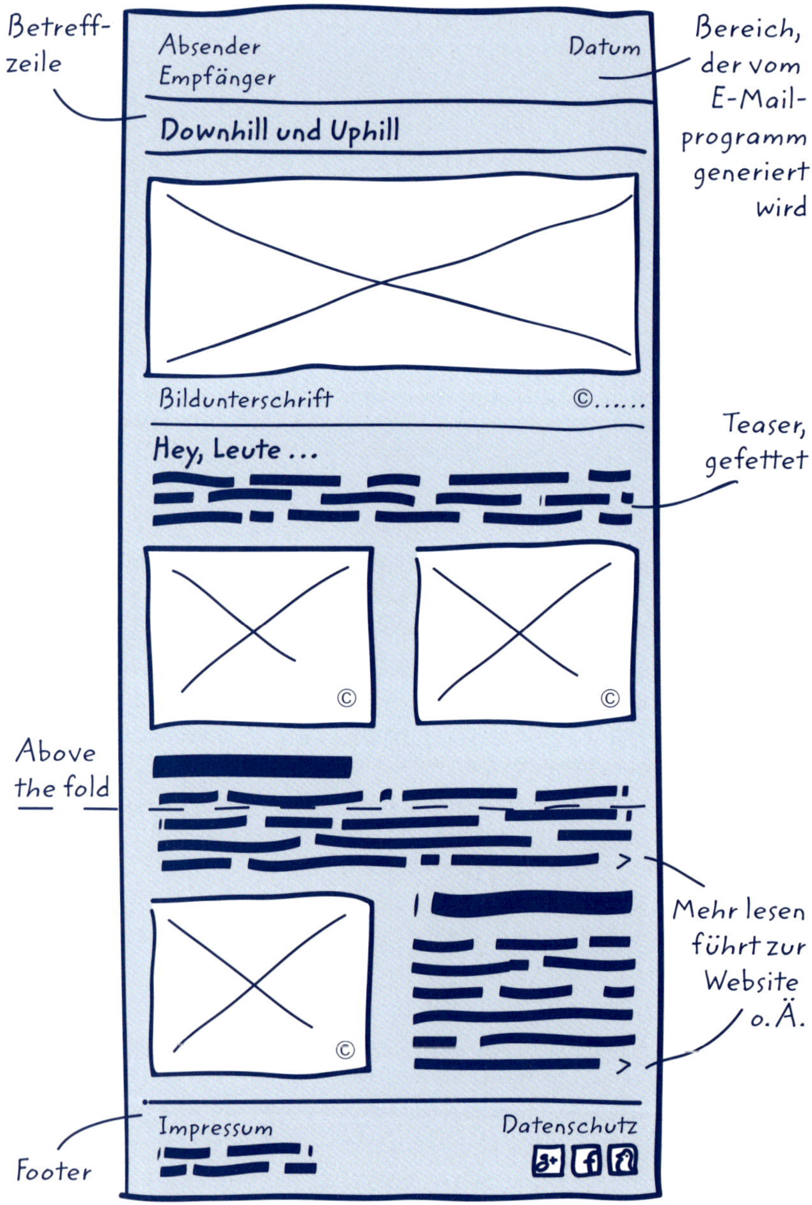

Aus der Agenturpraxis

Eine Partneragentur für Online-Marketing hat uns mit Textkreation beauftragt. Es geht um einen Kunden, der mit der Entsorgung von Bauschutt sein Geld verdient. Wir werden Zeugen einer Diskussion zwischen dem Kunden und der Agentur übers Newsletter-Marketing.
»Wir brauchen keinen Newsletter, unsere Mailings laufen doch super!«
Die Online-Marketing-Spezialistin Frau Zerbel pariert: »Die Postkarten funktionierten gut im regionalen Umfeld. Aber nun erweitern Sie ja Ihr Portfolio um gebrauchte Baumaterialien, die deutschlandweit geliefert werden. Installieren Sie ein leicht handhabbares Newsletter-Tool. So können Sie Neukunden gewinnen und Ihre Kunden von dem Service informieren.«
Der Unternehmer ist noch nicht überzeugt.
»Machen wir einen Test-Newsletter«, schlägt Frau Zerbel vor. »Ganz unverbindlich. Einverstanden?« Der Auftraggeber stimmt zu.
Agenturinterne Besprechung am nächsten Tag.
Wer ist die Zielgruppe? Leute, die bauen. Leute, die Geld sparen wollen. Leute, die originale Bauteile haben wollen. Also: die Faktenhungrigen (↗ Kapitel 1). Welche Infos sind für diese Zielgruppe elementar? Bilder von den Bauteilen. Kurze Beschreibung: Was ist es, von wann ist es, was kostet es? Spielen Emotionen eine Rolle? Bedingt.
Wir legen los und komponieren Texte. Die Kolleginnen setzen den Newsletter auf der Basis von MailChimp auf und versenden ihn an die 244 treuen Empfänger der klassischen Postkarten-Mailings.
30 Minuten später gibt es den ersten »Report« des Analyse-Tools von MailChimp. Wir sind im Büro des Bauleiters und erleben, wie er reagiert.
»Wie, was heißt denn diese Weltkarte …? Ach so, das wird nicht nur in Deutschland gelesen? Was? In Japan? Oh, und in den USA? Das gibt's doch nicht!« Jetzt zeigt Frau Zerbel dem aufgeregten Herrn, wie jede einzelne Empfängerin nachverfolgt werden kann. Klickhäufigkeit und Zeitpunkt werden analysiert. Er geht begeistert die Liste durch. »Oh, sehen Sie mal, dieser hier! Der scheint ja heiß auf unsere neue Sache zu sein! Zwölf Klicks in der ersten halben Stunde! Fantastisch! Wer ist das? Gitte52@gmx.de?«
Die staubige Varta-Werbeuhr an der Wand tickt jetzt sehr laut.
Der Bauunternehmer zückt sein Handy. »Ich bin's. Sag mal, bist du gerade im Internet? Liest du gerade den neuen Newsletter, Brigittchen?«

Kapitel 17

Shops

Kennen Sie jemanden, der noch nie eine Ware oder Dienstleistung im Internet gekauft hat? Noch nicht einmal ein Flugticket? – Wahrscheinlich nicht. Für die meisten ist das Shoppen im Netz zur Gewohnheit geworden. Es ist bequem und oft finanziell reizvoll. Aber der Preis allein ist es nicht – zum Glück. Ein Angebot in einem Shop (auch Online-Shop oder E-Shop genannt) ist überzeugend, wenn es seriös, glaubwürdig und hoch informativ, also detailreich, präsentiert wird. Entsprechend sollten Sie die Texte für Ihren Shop verfassen.
Im Grunde unterscheidet sich das nicht allzu sehr von den Texten in gedruckten Versandkatalogen. Auch diese müssen überzeugend sein und mit zahlreichen Details glänzen. Der Vorteil Ihres digitalen Katalogs ist natürlich die direkte Kaufmöglichkeit durch wenige Klicks. Genau das macht Ihren Online-Katalog zu einem Shop.
Schauen wir uns an, was sich für Ihr Unternehmen über gute Texte rausholen lässt.

PRODUKTBESCHREIBUNGEN

Zu jedem (jedem!) Produkt oder Service gehören ein Bild und ein knapper Beschreibungstext. Auch bei Dienstleistungen können Sie mit Fotos, Grafiken oder Symbolen arbeiten. Nicht vergessen: Wir sind visuell am schnellsten zu erreichen (↗ Kapitel 3). In den folgenden Passagen ist von »Produkt« die Rede, damit sind immer auch Services gemeint.
Jemand, der etwas kaufen möchte, braucht schnell genaue Informationen über das Produkt. Kommen Sie daher in Shops direkt zur Sache. Der potenzielle Käufer braucht Antworten auf diese fünf Grundfragen; die Reihenfolge der Fragen kann variieren:

1. Wie heißt das Produkt?
2. Wofür ist es gut? Was kann es?
3. Passt es zu …? Ist es kompatibel mit …? Ist es ähnlich wie …? Hält es … aus?
4. Ist es lieferbar?
5. Was kostet es?

Beispiel Hier zeigen wir eine gelungene Produktbeschreibung aus dem Online-Katalog des Versandhauses Cairo:
Stehtisch Brio, Höhe 72-102 cm, Durchmesser 60 cm (Frage 1)
Der Stehtisch Brio von Lapalma ist ein höhenverstellbarer Bistrotisch, der mit modern-elegantem Design auftrumpft. Mittels einer Gasdruckfeder lässt sich der Stehtisch Brio in einer Höhe von 72 bis 102 cm verstellen. Die Tischplatte aus Multiplex ist mit einer Laminatoberfläche versehen und wird von einem matt verchromten Tischbein getragen, das auf einer strukturierten Standplatte Halt findet. (Frage 2)
Der Stehtisch Brio ist ein charmantes Möbel für ungezwungenes Essen oder Trinken, passt als solches sowohl in Teeküchen wie auch in Empfangsräume, Foyers oder Cafés. (Frage 3)
Sofort lieferbar. Die Lieferung erfolgt zerlegt. (Frage 4)
488,00 Euro zzgl. MwSt. und Versandkosten (Frage 5)
(Quelle: cairo.de, 9.8.20, 16.00 Uhr)

Nachgeordnete, aber ebenso wertvolle Fragen sind:

- Wie haben andere Käufer das Produkt bewertet?
- Was unterscheidet es von anderen Produkten dieser Art?
- Wie lange wird es schon angeboten?
- Wie sind die Umtauschregelungen?

Auch diese Fragen sollten Sie in Ihrem Shop beantworten – jedoch im zweiten Schritt, also z. B. auf einer eigenen Unterseite für das Produkt. Verlockend, aber wenig sinnvoll: Einige Shop-Betreiberinnen kopieren die Produktbeschreibungen der Hersteller. Das ist legal. Aber genau das tun unzählige andere Händlerinnen auch. Damit sind diese Produktbeschreibungen nicht mehr SEO-relevant. Individuelle Texte sind immer besser. Man spricht auch vom *unique content*, den einzigartigen Inhalten. Sehen Sie sich Bewertungen Ihrer Produktkategorien auf Online-Shops wie Amazon an. Hier verraten Käuferinnen, worauf sie bei Produkten eigentlich achten. Lassen Sie diese Kategorien in Ihre eigenen Texte einfließen.

Links

Gute Produktbeschreibungen finden Sie in diesen Shops:
Haushaltswaren: manufaktum.de
Konfekt: sawade.berlin
Bekleidung: avocadostore.de

Kein Shop, aber eine erfrischend aufgeräumte Art und Weise, Objekte zu präsentieren, finden Sie hier:
museumderdinge.de/pflegschaften/

Tipp **Keine ratlosen Gesichter**

Eine Produktbezeichnung sollte beim Leser keine Fragen aufwerfen. Manchmal lassen sich gerade bei techniklastigen Produkten erklärungsbedürftige Begriffe nicht umgehen. Liefern Sie dazu eine informative Unterzeile oder bieten Sie in unmittelbarer Nähe eine Hilfe-Funktion, z. B. einen Button zu FAQs oder einen Chat an (↗ Kapitel 14).

FAQs

FAQs (Abkürzung aus dem Englischen für Frequently Asked Questions) sind eine sich ständig verändernde Masse: Es kommen neue Fragen hinzu, andere wiederum fallen weg, weil Sie feststellen, dass sie nie angeklickt werden (nicht vergessen, Analyse-Werkzeuge benutzen! ↗ Kapitel 20).
Sammeln Sie ständig neue Aspekte aus Kundenfragen – das ist wertvolles Material, um die Usability (Lesefreundlichkeit) Ihrer Seite zu erhöhen.
Falls es Telefon- und/oder E-Mail-Kontakt mit Ihren Kundinnen gibt, nehmen Sie auch die Fragen, die dort gestellt werden, mit in den Kanon der FAQs auf. So entwickelt sich Ihre FAQ-Seite nach und nach zu einem nützlichen Wissensspeicher.
Viele meinen, es sei eine Geschmacksfrage, ob die Fragen und Antworten neutral oder aus der Perspektive der Informationssuchenden verfasst werden sollen. Wir empfehlen: Schreiben Sie konsequent aus der Sicht des Users.

Beispiel Sie bieten Online-Seminare zu Businessthemen an. Ihre FAQs lauten (Auswahl):

- Wie melde ich mich für ein digitales Seminar an?
- Welche Technik muss vorhanden sein?
- Kann ich mit Kreditkarte bezahlen?
- Wo bekomme ich eine Rechnung?

Formulieren Sie diese Fragen neutraler, passiert es fast immer, dass man plötzlich viel förmlicher schreibt und in den verflixten Nominalstil verfällt:

- Wie funktioniert die Anmeldung für ein Online-Seminar?
- Welche technischen Voraussetzungen müssen erfüllt sein?
- Welche Zahlmethoden sind möglich?
- Wo findet die Beantragung einer buchhalterisch einwandfreien Rechnungslegung statt?

Im ersten Beispiel mit der konsequenten Ich-Perspektive erkennen Sie sicherlich sofort den Duktus der gesprochenen Sprache wieder. Genau so möchte sich der Besucher einer Seite angesprochen fühlen, vor allem, wenn er eine Frage hat und schnellstmöglich Gewissheit braucht.

Links

Diese Online-Shops machen es richtig:
Möbel: cairo.de
Stromanbieter, der Fragen mit gut durchdachten Formularen begegnet: naturstrom.de
Baumschule: lorberg.com/de/service/
Shop für Unikate, der in FAQs für Käufer und Verkäufer unterscheidet: etsy.com

Filtern: Viele Wege führen zum Produkt

Die Besucherin Ihres Shops weiß manchmal selbst nicht genau, wonach sie sucht. Eine echte Hilfe ist es, dem Suchenden mehrere Wege anzubieten, auf denen er zu dem gewünschten Produkt gelangen kann. Nehmen wir an, in Ihrem Online-Shop kann man Kinderschuhe kaufen. Diese Suchen könnten Sie Ihren Kundinnen anbieten: Preis, Größe, Jahreszeit, offene Schuhe, geschlossene Schuhe, Schuhe für breite und schmale Füße, aber auch Farben, Schuhe für Mädchen, für Jungen und schließlich Sonderanfertigungen oder für orthopädische Einlagen geeignete Schuhe. Dieses »Filtern« ist mittlerweile gang und gäbe und von den Usern bereits »gelernt«. Sind die kleinen Textschnipsel im Filter-Formular vernünftig zurechtgestutzt, kann eine Interessentin schnell zu ihrem Wunschprodukt gelangen. Was natürlich immer funktioniert, gerade bei unentschlossenen Kunden, ist der Filter »Sale« oder »Sonderangebote«.

Links

Hier sind gute Filtermöglichkeiten vorhanden:
Weinhandel: finkenweine.de
Modellbaubedarf: modulor.de
Online-Kaufhaus: manufaktum.de
Immobilien: immoscout24.de

Formulare und Bestellschritte – kritischer Punkt im Customer Lifecycle

Im gesamten Customer Lifecycle ist der Bestellvorgang in Shops die heikelste Stelle. Customer Lifecycle ist der englische Terminus für »Kundenlebenszyklus«. Synonym werden die Begriffe »Consumer Lifecycle« (Konsumentenlebenszyklus) und »Customer Journey« (Kundenreise) verwendet. Sie stehen für die Phasen, die eine Kundin durchläuft, während sie einen Kauf tätigt bzw. tätigen will. Angefangen beim Kundenbedürfnis nach Veränderung über die Informations- und Abwägungsphase bis hin zur Verwirklichungs- und Genussphase durchlebt Ihre Kundin eine abwechslungsreiche Zeit. Die Abwägungsphase ist die Schnittstelle zwischen Produktauswahl und Bestellvorgang. Ist in diesem entscheidenden Moment das Bestellformular nicht eindeutig oder – schlimmer – kommt es unseriös rüber, ist der Käufer weg. Schade! Wie Sie Formulare klar anlegen und betexten, lesen Sie in Kapitel 7.

Beispiel Herr Kluschinsky bietet in seinem Shop mediterrane Feinkost an. Er hat eine reibungslos laufende Suchfunktion mit mehreren Filtermöglichkeiten eingebaut. So könnte die Besucherin seines Shops den Customer Lifecycle durchlaufen:

Phase 1: Veränderungsbedürfnis
Welches sind die möglichen Motivationen eines Kunden?

- rational: Etwas ist ausgegangen; er benötigt ein Geschenk.
- emotional: Bedürfnis nach Exklusivität; Langeweile; Lust auf Neues

Nehmen wir an, die Kundin benötigt ein besonderes Geschenk für ihre Mutter.

Phase 2: Informationsphase

- Was gibt es? (Filtersuche nach Spezialitäten aus Südfrankreich)
- Was kostet es? (Filtersuche Produkte bis 20 €; der Kunde interessiert sich nun für Süßigkeiten aus der Provence)
- Wo bekomme ich es? (Ausschließlich über den Shop beziehbar oder direkt nach Südfrankreich fahren?)
- Vorteile? Risiken? (Sind die Produkte frisch? Wie lange sind sie haltbar? Wie schnell wird geliefert?)

Auf alle diese Fragen erhält die Kundin Antwort in den einzelnen Produktbeschreibungen. Dem Besucher des Shops erscheinen die »Fruits confits« geeignet, kandierte Früchte, eine Spezialität aus den Vaucluse-Bergen.

Phase 3: Abwägungs-/Planungsphase

Die Kundin trifft nun ihre abschließende Auswahl nach rationalen und/oder emotionalen Kriterien.

- rationale Kriterien: Kosten, Nutzen, Aufwand. Was bieten mir andere? (Die Früchte kosten 14,50 €. Sie sind ein Jahr haltbar. Beim Oberpollinger hat sie in der Feinschmecker-Abteilung schon Ähnliches gesehen; das kostete jedoch über 20 €.)
- emotionale Kriterien: Geschmack, Stil. Was hat der Nachbar/Schwager/die Schwester? Mache ich mich oder jemand anderen damit glücklich? (Die Früchte sind schön verpackt. Meine Mutter weiß so etwas zu schätzen. Das Geschenk ist ungewöhnlich, bestimmt schenkt meine Schwester nicht so etwas Schönes.)

Zwischen Phase 3 und 4 wird es für Herrn Kluschinskys Shop kritisch.

Phase 4: Verwirklichungsphase

Der Kunde möchte kaufen. Er klickt auf das Warenkorb-Symbol, die Fruits confits landen im Warenkorb. JETZT benötigt die Kundin einen klaren Bestellvorgang, um ihr »Projekt«, den Kauf der kandierten Früchte, zu Ende zu bringen. Sie braucht Informationen zu Bezahloptionen und zur Vertrauenswürdigkeit des Shops, z. B. das Gütesiegel »Trusted Shop«. Das Formular macht es dem Kunden leicht, und da parallel zu den einzelnen Bestellschritten der Kundin weitere Produktvorschläge gemacht werden, entscheidet sie sich noch für eine kleine, dekorative Dose mit Lavendelbonbons. Auf der Webseite selbst erhält der Kunde die Bestellbestätigung und zusätzlich noch einmal per E-Mail.

Phase 5: Genussphase

Die Bestellung wurde zur Kundin geliefert. Der Kunde hat ein prima Geschenk (Mutter hat sich gefreut) und lutscht zufrieden seine lila Bonbons (Benefit wird gelebt!). Nun geht der Zyklus bald wieder von vorne los: Die Kundin denkt über das Erreichte nach. Sind die Gedanken und Gefühle positiv, ist dies die Keimzelle für neue Wünsche. Und schon schaut sie wieder auf der Website vorbei …

Datenschutzerklärungen, Impressum, Geschäftsbedingungen usw.

Diese Dinge müssen sein, aber mal im Ernst, liest das jemand? Und wenn ja, versteht man das? Meist handelt es sich um juristische Fachtexte, die häufig sogar voneinander abgekupfert werden – und niemanden schert es, dass genau diese Texte alles andere als verständlich sind. Dabei ist es gar nicht so schwer, die von verschwurbelten Formulierungen nur so strotzenden Texte zu glätten und zu vereinfachen (↗ Kapitel 2).

Beispiel Um niemanden zu langweilen, geben wir hier nur einen kleinen Auszug aus einer typischen Datenschutzerklärung wieder und liefern dazu eine alternative Formulierung. Die berüchtigten »ung-Wörter« haben wir markiert. Sie sind ein Indiz für den gefürchteten Nominalstil (↗ Kapitel 2).

Lieber nicht	Besser so
Erhebung, Verarbeitung und Nutzung personenbezogener Daten Wir erheben personenbezogene Daten nur in dem von Ihnen zur Verfügung gestellten Umfang. Die Verarbeitung und Nutzung Ihrer personenbezogenen Daten erfolgt zur Erfüllung und Abwicklung Ihrer Bestellung sowie zur Bearbeitung Ihrer Anfragen. Nach vollständiger Vertragsabwicklung werden alle personenbezogenen Daten zunächst unter Berücksichtigung steuer- und handelsrechtlicher Aufbewahrungsfristen gespeichert und nach Fristablauf gelöscht, sofern Sie der weitergehenden Verarbeitung und Nutzung nicht zugestimmt haben.	**Personenbezogene Daten: wann und wie sie erhoben, verarbeitet und genutzt werden** Wir erheben nur diejenigen Daten, die Sie uns übermitteln. Damit Ihre Bestellung erfüllt und abgewickelt wird, müssen Ihre personenbezogenen Daten verarbeitet werden. Auch wenn Sie Anfragen an uns stellen, ist dies der Fall. Nur so können wir Ihr Anliegen bearbeiten. Sie können zustimmen, dass Ihre Daten nach Abschluss des Kaufvertrags noch weiter von uns verarbeitet und genutzt werden. Das ist jedoch freiwillig. Stimmen Sie dem nicht zu, so werden Ihre personenbezogenen Daten nach Ablauf der steuer- und handelsrechtlichen Aufbewahrungsfristen gelöscht.

START- UND PRODUKTSEITE EINES SHOPS

Oben sehen Sie das Schema einer Shop-Startseite. Die untere Darstellung ist die Produktseite. Beide Seiten sind übersichtlich gestaltet. Beachten Sie die wenigen Menüpunkte in der Menüzeile, in der auch Logo und Firmenname untergebracht sind.

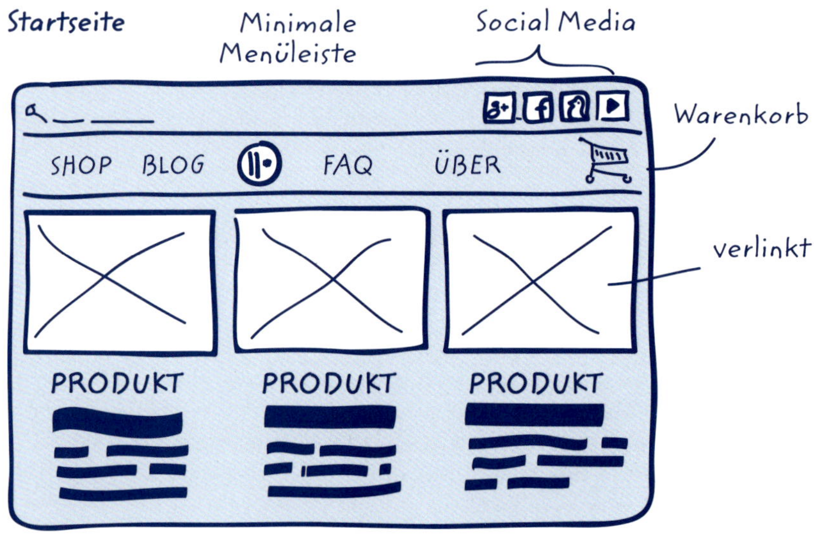

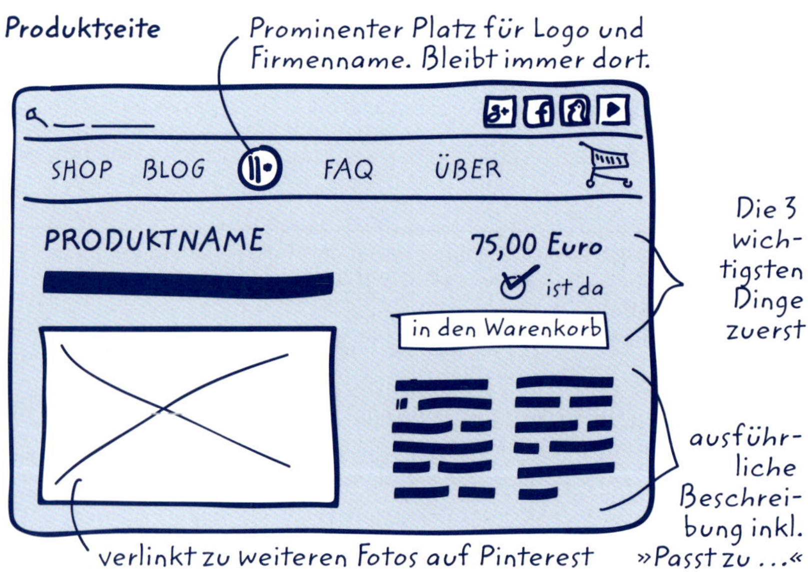

Aus der Agenturpraxis

Wir sind bei Kolleginnen, deren Spezialität Online-Shops sind. Ihr aktueller Auftraggeber ist die Inhaberin eines Shops für Gesundheitsschuhe – wir sind für die Textkreation mit ins Boot geholt worden.
»Wir müssen nach Modellen, Größen, Farben und Anlass filtern können.«
»Nach Absatzhöhe auch?«, fragt Jürgen aus der mit uns befreundeten Agentur. – Hallo?! Gesundheitsschuhe? Absätze?
»Nein, nicht nötig«, entgegnet die Auftraggeberin gelassen. »Vielleicht noch nach Material.«
Sie hat ihre Werkstudentin Birgül mitgebracht: »Wie wäre es mit einer Kategorie für Menschen, die zwei verschieden große Füße haben?«
Wir verstehen nicht ganz.
»Ja, es ist echt schwierig für solche Leute, Schuhe zu finden. Am ehesten suchen sie noch bei Gesundheitsschuhen, weil sie denken, da lassen sich Sachen maßanfertigen.«
»Wir machen keine Maßanfertigung«, entgegnet die Auftraggeberin.
»Ja, wir könnten aber zwei verschiedene Schuhgrößen pro Paar herausgeben und dafür höhere Preise nehmen. So wären wir trotzdem auf der sicheren Seite.« Birgül kommt in Fahrt. »Nehmen wir an, wir verkaufen einige solcher Paare. Dadurch entsteht ein ›Pool‹ von übrig gebliebenen Einzelschuhen, aus denen weitere Spezialpaare gebildet werden können. Die Möglichkeit besteht immerhin. Durch den erhöhten Preis für unsere Spezialpaare werden wir irgendwann kostendeckend arbeiten. Wir könnten im Shop ein Pilotprojekt starten.«
Wir sind skeptisch, die Kollegen auch, die Auftraggeberin ist interessiert: »Okay, wir projektieren das für eine Sommer- und eine Winterkollektion.«
Wir warnen: »Was Sie uns hier erzählen, ist keine Ergänzung zum Shop, sondern ein Geschäftsmodell. Das könnte Ihren Shop kannibalisieren.«
Birgül nickt, als sei es das Normalste der Welt.
Wir machen es kurz: Das Modell der ungleichen Schuhe ist so erfolgreich, dass die Auftraggeberin beschließt, dafür einen eigenen Shop aufzumachen.
Birgül ist für den neuen Shop verantwortlich. Sie besucht uns, um das Textkonzept mit uns zu besprechen. Nach drei Stunden verlässt sie uns wieder. Und da sehen wir es: Ihr linker Schuh ist größer als der rechte.

Wissen vertiefen

Jede Profischreiberin kennt ein paar Kniffe, die sich im Laufe des Schreibens als nützlich herausgestellt haben.

Kapitel 18

Storytelling wirkungsvoll einsetzen

Die Geschäftsführerin tritt vor die Belegschaft und beginnt ihre mit Spannung erwartete Rede: »Sehr geehrte Damen und Herren, wie Sie alle wissen, hatten wir im letzten Quartal eine Minderauslastung von 15 %. Dies entspricht einem Minus von 2,3 % im Vergleich zum Vorjahresergebnis. Aus diesem Grund müssen leider Veränderungen vorgenommen werden …« Wie wirkt das auf Sie? – Wie wäre es, wenn sie so angefangen hätte: »Ich bin auf dem badischen Land groß geworden. In den Mais- und Kartoffelfeldern durften wir nicht spielen. Meine Eltern und Großeltern bewirtschafteten den Hof, wir waren finanziell vollkommen von der Ernte abhängig. Ich erinnere mich an eine Zeit, als drei aufeinanderfolgende Jahre wenig ertragreich waren. Mein Vater schlug vor, sich auf eine alte Nutzpflanze zu besinnen und sie anzubauen. Mein Großvater kannte sie nur vom Hörensagen und war dagegen, aber mein Vater hat sich nach zähem Ringen durchgesetzt. Schlussendlich hat dieses seltsame Gemüse unseren Hof gerettet. Es handelte sich um Topinambur.«

In den beiden vorangegangenen Reden wird am Anfang von einer Krise und von notwendigen Veränderungen gesprochen, an sich ein spannendes Thema. Warum hören wir bei der zweiten Version lieber zu? Schon sind wir bei den Merkmalen des Storytelling – einem so vielschichtigen und spannenden Thema, dass ihm eigentlich ein eigenes Buch gebührt. Ich nehme Sie mit auf einen kurzen Trip, auf dem Ihnen die Macht von Erzähltem, die Kraft von Storys deutlich werden wird.

WARUM WIR AUF GESCHICHTEN SO ANSPRINGEN

Geschichten werden seit jeher erzählt. Sie dienten und dienen nicht nur der Unterhaltung, sondern vor allem der Information und Weitergabe von Wissen. Sie sind identitätsstiftend für Gruppen. Denken Sie einmal an die Geschichten, die man sich im Sportverein erzählt, oder im alteingesessenen Unternehmerinnen-Netzwerk oder in Ihrer Familie. »Wisst ihr noch, wie damals der Heinz mit seinem kaputten Sprunggelenk den Ball ins Tor gesemmelt hat?« »Erinnert ihr euch an die Insolvenz, die die Schneiderle hingelegt hat? Und jetzt hat sie drei Start-ups.« »Als Tante Frieda den Pudding fallen gelassen hat und der Seidenteppich hinüber war – da war Oma aber sauer.«

Gibt es Ihr Unternehmen schon ein paar Jahre, erzählt man sich sicher auch dort Geschichten – und das stärkt die Gemeinschaft. Hören wir eine Geschichte, können wir eigenes Erlebtes damit verknüpfen. Das ist spannender für Kopf und Herz, als Zahlen und Fakten zu hören. Geschichten lassen Bilder im Kopf entstehen, kleine Filme laufen ab, wir sind emotional viel stärker involviert.

»Leser lassen sich im Großen und Ganzen nicht von der literarischen Qualität eines Buches zum Kauf animieren; sie wollen eine gute Geschichte mit ins Flugzeug nehmen, die sie fesselt, hineinzieht und zum Umblättern zwingt«, sagt der Bestsellerautor Stephen King, der sich häufig anhören muss, dass seine Bücher literarisch anspruchslos seien (Stephen King, Seite 178). Macht ja nichts, er ist trotzdem (oder gerade deshalb?) einer der weltweit erfolgreichsten Autoren.

Produzieren Sie Geschichten für Ihr Unternehmen, denken Sie nicht an die literarische Qualität, sondern achten Sie darauf, dass die Story »fesselt, hineinzieht« und bei Ihrer Leserin einen »Ich-will-mehr-wissen«-Zustand erzeugt.

Der Held und sein Ziel

Die meisten Geschichten basieren auf einem einfachen Prinzip:
Es gibt eine Protagonistin, eine Hauptfigur, einen »Helden« (ein junger Prinz). Dieser möchte ein bestimmtes Ziel erreichen (die Prinzessin heiraten) – ich bitte an dieser Stelle um Entschuldigung bezüglich der Rollenklischees. Könnte er das einfach so, wäre die Geschichte langweilig. Also muss der Held Hindernisse überwinden (Drache). Meist gibt es noch einen Gegenspieler, der ihm das Leben zusätzlich schwer macht (Prinz aus anderem Königreich; alter König usw.). Oft gibt es auch Helferinnen, im Storytelling »Enabler« genannt (Bäuerin weist den besten Weg zur Höhle oder kennt die verwundbare Stelle des Drachen). Jetzt haben wir eine Geschichte, und weil das bei Märchen meist so ist, geht sie auch gut aus. Das sollte bei Ihren Storys, die Sie im Zusammenhang mit Ihrem Unternehmen oder Produkt erzählen, auch so sein.
Dieses soeben beschriebene Prinzip heißt auch »Blockbuster-Prinzip«. Nach diesem archaischen Grundmuster sind die meisten Blockbuster-Filme gestrickt.
Es ist immer wieder Anlass zu großer Heiterkeit, wenn wir in unseren Seminaren die Blockbuster-Übung machen: Die Teilnehmenden erzählen in der Gruppe in zwei bis drei Sätzen den »Plot«, das einem Film zugrunde liegende Handlungsmuster, ohne den Filmtitel oder Namen zu nennen. Dabei beantworten Sie diese Fragen:

1. Wer ist der Held / die Heldin?
2. Was ist sein/ihr Ziel?
3. Was hindert ihn/sie daran, es zu erreichen?

Jetzt dürfen Sie raten:

1. Es ist ein junger Mann.
2. Er möchte der Liebe seines Lebens wiederbegegnen.
3. Eine geistige Beeinträchtigung und der gesellschaftspolitische Lauf der Dinge hindern ihn daran.

(»Forrest Gump«; Enabler: der Afroamerikaner Bubba und Don Taylor, der Kriegsveteran)

1. Es ist ein Außerirdischer.
2. Er ist versehentlich auf der Erde in einem kleinen Vorort zurückgelassen worden und möchte nach Hause.
3. Für seine Umwelt ist er ein Schrecken.

(»E.T.«; Enabler: der zehnjährige Elliott)

1. Es ist eine junge Frau aus einfachen Verhältnissen.
2. Sie möchte ihrem Leben eine Wendung geben.
3. Gesellschaftliche Konventionen hindern sie daran.

(»Pretty Woman«; Enabler: der Hoteldirektor)

Wendepunkt in der Story

So weit zum archaischen Grundmuster. Spannend wird es, wenn es einen deutlichen Wendepunkt in der Geschichte gibt. Der geht (fast) immer mit dem Wandel eines der Charaktere einher. Bei »Pretty Woman« zum Beispiel muss der Milliardär (Richard Gere) einsehen, dass die Heldin, eine Prostituierte (Julia Roberts), eine ernst zu nehmende Persönlichkeit ist. Das markiert den Wendepunkt in der Story – er nimmt sie in der Folge z. B. mit in die Oper.

In seiner Reportage »Wir sind Helden« porträtierte Jürgen Schmieder in ganz knappen Worten heldenhaftes Verhalten von Sportlerinnen. Es sind Geschichten vom Scheitern, vom Wiederaufstehen, von Fairness, von Sportsgeist, von Loslassen und Zupacken. Und es gibt immer einen Wendepunkt. Natürlich eignen sich Sportler per se gut fürs Geschichtenerzählen. Jeder kann sich schnell mit ihnen identifizieren. Haben wir nicht alle selbst schon einmal als Kinder beim Sportfest versucht, die Schnellste zu sein? Wie sehr haben wir mitgefiebert, wenn sich der Lieblingsfußballer

verletzt hat, wenn eine Hochspringerin, die nicht als Favoritin galt, plötzlich doch die Medaille holte? Sport ist Emotion, ist pure Dramatik.
In einer der Geschichten geht es um den Segler Lawrence Lemieux, der 1988 in Seoul im Rennen auf dem zweiten Platz lag, seine Wettfahrt jedoch abbrach, als er sah, dass seine Konkurrenten aus Singapur gekentert waren. Er rettete die beiden Segler vor dem Ertrinken, brachte sie zu einem Boot der Rennleitung und setzte sein Rennen fort – es reichte nur noch für Platz 22.
Er erhielt vom IOC die höchste Auszeichnung, die Pierre-de-Coubertin-Medaille, die faires Verhalten ehrt. Als er 20 Jahre später gefragt wurde, ob er nicht lieber die Goldmedaille gewonnen hätte, sagte er nur: »Zum einen war das in diesem Moment völlig egal. Zum anderen, würden Sie jetzt tatsächlich mit einem einfachen Segler ein Interview führen, der irgendwann mal eine Medaille gewonnen hat?« (Quelle: Schmieder, Seite 53 ff.)
Natürlich nicht, denn dies ist eine viel packendere Geschichte, der auch das Blockbuster-Prinzip zugrunde liegt: Wir haben einen Helden (den Segler), ein Ziel (Goldmedaille), ein Hindernis (Konkurrenten) und den Wendepunkt (bricht Wettfahrt ab, rettet Konkurrenten aus dem Wasser).

Tipp **Ihre eigenen Geschichten**

Welche Geschichten erzählt man sich in Ihrer Familie, im Freundeskreis? Suchen Sie nach Heldinnen, Hindernissen und Wendepunkten. An welche Tante erinnert man sich immer mit besonderer Hochachtung? Gegen welche Widerstände musste sich der Kumpel durchsetzen, bevor er seine Liebste heiraten durfte? Ab welchem Zeitpunkt ging es mit dem Unternehmen Ihrer Schwester bergauf?

GRUNDTYPEN VON STORYS FÜR UNTERNEHMEN

Ich finde eine Einteilung in drei Grundtypen sinnvoll: Gründungsmythos, Produktstory, Unternehmensgeschichte. Sie können sich aller drei Typen bedienen, müssen es aber nicht. Vielleicht sind Sie ein geübter Geschichtenerzähler? Jonglieren Sie mit allen drei Formen. Falls Sie sich erst herantasten möchten, schauen Sie, mit welchem Story-Typ Sie sich am wohlsten fühlen. Lassen Sie sich nicht einreden, bei Ihnen gäbe es keine Geschichten. Storys gibt es überall.

Tipp **Hello, Hollywood!**

Kaufen Sie sich beim Trödler oder auf dem Flohmarkt alte Postkarten oder Fotografien, möglichst Motive mit Menschen. Sie üben sich im Erzählen, indem Sie eine der Personen auf dem Bild zur »Heldin« machen und dazu in drei Sätzen einen Blockbuster nach dem oben beschriebenen Prinzip entwerfen.

Der Gründungsmythos

Dieser Typus erzählt vom Entstehen Ihres Unternehmens, oder Ihrer Begabung, Ihrer Obsession, von einem Ziel, das gegen Hindernisse durchgesetzt werden musste, das reifen musste, das Sie konsequent verfolgt haben. Ein typischer Gründungsmythos ist der von den berühmten IT-Nerds, die in einer kalifornischen Garage bahnbrechende Computer zusammenbastelten (Apple). Man muss aber kein weltumspannendes Unternehmen sein, um gute Gründungsmythen zu erzählen.

Beispiel Die Stadt ist kalt, und die Nachbarn sind unfreundlich. In Indien war es warm und jeder war nett zu ihm. Seit ein paar Monaten ist Frank, ein schüchternes Kind mit abstehenden Haaren, mit seinen Eltern und Geschwistern zurück in Deutschland. Er kommt in der Schule nicht zurecht, wird gehänselt, sein großer Bruder wird auf dem Schulweg verprügelt. Er versteht das seltsame Fach Mengenlehre nicht, kennt keines der Volkslieder, die im Musikunterricht gesungen werden. So oft es geht, zieht er sich zurück in die Kinderbibliothek der Kirchengemeinde. Eines Tages kommt eine neue Deutschlehrerin in die Schulklasse. Sie heißt Frau Flügel und lacht viel. Sie gibt den Kindern eine Hausaufgabe: Sie sollen eine ganz lange Geschichte schreiben. Frank schreibt zwei Schulhefte voll und fühlt sich glücklich. Frau Flügel sammelt die Geschichten ein und tritt am nächsten Morgen vor die Klasse: »Einer Eurer Klassenkameraden hat eine Geschichte geschrieben, die so wundervoll ist, dass er sie euch vorlesen soll.« Die nächsten drei Deutschstunden sitzt Frank vorne auf dem Lehrpult (was nur Frau Flügel erlaubt und sonst niemand) und liest vor. Alle Kinder hören zu, drei Unterrichtsstunden lang. Er wird nie mehr gehänselt (sein Bruder leider immer noch verhauen) und er hört nie mehr auf zu schreiben. Heute ist Frank freischaffender Journalist und arbeitet für angesehene Tageszeitungen und Magazine.

Die Produktstory

Sie erzählt eine Geschichte, die auf ein Produkt oder auf einen Service bezogen ist. Wie ist die Idee zu dem Produkt entstanden? Was hat das Produkt mit den Menschen gemacht? Produkte, die dem Kunden in einem Kontext vorgestellt werden, sind attraktiver. Daher kommt es auch, dass ein simples Küchenutensil um ein Vielfaches wertvoller ist (oder erscheint; nichts gegen gutes Produktdesign), wenn es von einer Star-Designerin gestaltet wurde. Wir knüpfen an die Person des Designers Geschichten, Erlebnisse, und diese wiederum verbinden sich mit dem Gegenstand.
Die beiden amerikanischen Journalisten Joshua Glenn und Rob Walker haben Folgendes ausprobiert: Sie stellten wertlose, gebrauchte Gegenstände auf eBay ein, für die sie auf Flohmärkten ein paar Cent gezahlt hatten. Zu der einen Gruppe von Gegenständen gab es eine nüchterne Beschreibung, zu den anderen eine kleine Story, in der die Gegenstände

vorkamen, aber nicht im Mittelpunkt standen. Die Dinge, um die herum eine Geschichte erzählt wurde, verkauften sich deutlich erfolgreicher. Woran liegt das? Das Produkt bekam eine menschliche Bedeutung, einen Kontext, in dem die Leserin seine Herkunft, seine Geschichte erfuhr. Ein gebrauchtes Objekt, das für den Vorgänger einen ideellen Wert besessen hat, gewinnt auch für die Nachbesitzerin größeren Wert (stets vorausgesetzt, sie ist generell an einem solchen Objekt interessiert).

Beispiel Sven Moderson handelt mit Leinenstoffen. Er erzählt, wo das Leinen herkommt, wie es produziert wird usw. Er erzählt auch, was Käuferinnen mit dem Leinen machen, nachdem sie es von ihm erworben haben. Er ermutigt die Käufer, diese kleinen Geschichten auf der Facebook-Seite des Unternehmens zu posten. Er führt Miniinterviews mit ihnen, kurzum: Er benutzt das Produkt »Leinen«, um Storys zu erzählen und Inhalte zu generieren, die er für mehrere Kanäle nutzt (↗ Kapitel 20).

Ein Post auf seiner Facebook-Unternehmensseite: »Eine Kundin nutzt das Rohleinen als Meterware für Vorhänge in ihrem Wochenendhaus. Neulich klingelte ein Spaziergänger und fragte sie, woher der schöne Stoff stammt. Leider hat sie ihr Geheimnis eifersüchtig gehütet.«

Ein Interview, das er auf seinen Blog stellt:
»Frau Dr. Pashawi, was begeistert Sie an dem Stoff?«
»Als Allergologin habe ich viel mit Neurodermitis-Patienten zu tun. Natürliche Stoffe wie Reinleinen, das ja aus Flachs gewonnen wird, sind Materialien, die meine Patientinnen gut vertragen.«
»Aber nicht alle Patienten können sich Kleidung aus Leinen leisten – konfektionierte Ware ist meist ziemlich teuer im Gegensatz zu unserer Meterware. Außerdem ist es in den wenigsten Fällen Reinleinen, sondern ein Baumwollgemisch.«
»Ja, das stimmt. Wissen Sie was? Bieten Sie doch einen Nähkurs mit an! Ich kenne bestimmt mindestens fünf Interessierte.«
Gesagt, getan: Ab April veranstalten wir Kurse, zunächst als Pilotprojekt, und zwar als Online-Seminar. Termine werden auf Facebook, Instagram, Pinterest und auf unserer Website bekannt gegeben.
Wir haben schon eine Anmeldung: Dr. Pashawi.

Links

Es gibt gute Videos, die Produktstorys erzählen:
Produktbezogene Videos von IKEA auf YouTube
Ein Auto: youtube.com/watch?v=1ZuG2meedNs
Perlwein: vivele83.com

Der Link zum Experiment von Glenn und Walker (Dazu gibt es auch ein Buch.):
significantobjects.com/about/

Die Unternehmensgeschichte

Dieser Geschichtentyp ist in der klassischen Unternehmenskommunikation geläufig. Es fällt offensichtlich leicht, etwas zur Historie eines Unternehmens zu schreiben, weil es bereits feststehende Daten und Fakten gibt. Fürs Storytelling ist es aber nicht damit getan, ein paar Jahreszahlen aufzuzählen. Erzählen Sie nicht nur, wann und wo das Unternehmen entstanden ist, sondern auch, warum, wozu und was Ihre Quellen sind. Das ist der Bereich der »journalistischen Pyramide«, der fürs Storytelling entscheidend ist (↗ Kapitel 2).

Beispiel 1 **Coppenrath und Wiese**

Am Anfang steht eine revolutionäre Idee.
Zu Beginn der 1970er-Jahre haben zwei Vettern, der Kaufmann Aloys Coppenrath und der Conditor Josef Wiese, eine Vision: Sie wollen Torten und Kuchen herstellen und in ganz Deutschland über den Lebensmitteleinzelhandel verkaufen.
»Schockfrosten« heißt das Zauberwort: Die beiden Vettern, deren Familien auf eine über 200-jährige Conditor-Tradition zurückblicken, frieren ihre Produkte sofort nach der Herstellung bei arktischen Temperaturen ein und stellen so sicher, dass sie backfrisch beim Kunden ankommen – eine zu dieser Zeit revolutionäre Idee.
(Quelle: https://www.coppenrath-wiese.de/unternehmen/historie.aspx)

Beispiel 2 **Ricola**

Der Kräuterbonbon-Hersteller Ricola setzt in seinen Werbespots den zum Kult gewordenen Slogan »Wer hat's erfunden?« ein – jeder Spot erzählt eine kleine Story, die den Alleinanspruch des Unternehmens auf die Zusammensetzung des Bonbons festigt.

Beispiel 3 **Ein KMU**

Gabi Keller ist spezialisiert auf Car-Tuning. Ihr Vater hat in den späten 80er-Jahren einen Chip erfunden, der Motoren leistungsstärker macht. Heute ist das sogenannte Chip-Tuning nichts Besonderes mehr. Trotzdem erzählt sie davon auf ihrer Unternehmenswebsite und in ihrem Blog. Es ist einerseits eine Unternehmensgeschichte, gleichzeitig auch Produktstory und Gründungsmythos:

»Es ist nicht immer leicht mit einem Vater, der Ingenieur, Erfinder und Amateur-Rennfahrer ist. Wir bekamen ihn selten zu Gesicht, meist war er über Motoren gebeugt oder lag unter einem Auto [menschlicher Kontext]. Er experimentierte früh mit dem Tuning durch Chips, die in die elektronische Steuerung der Motoren eingriffen und die Wagen erheblich schneller machten. Als Sportwagenfahrer mochte ich ihn am liebsten. Im Frühjahr 1989 baute er drei völlig neue Chips in die Steuerung seines Lancia ein. Die Tests dazu konnte er vor dem Rennen jedoch nicht mehr abschließen [Konflikt bahnt sich an, spätestens jetzt möchten wir wissen, wie es weitergeht]. Wir Kids saßen auf der Tribüne, es roch nach Asphalt, Autoreifen und Abgasen, der Lärm war ohrenbetäubend [Atmosphäre, auditives und olfaktorisches Wahrnehmungssystem, ↗ Kapitel 3]. Mein Vater fuhr allen davon, Steilkurve, alles geschmeidig. Plötzlich machte der Motor eine Grätsche und ging sang- und klanglos aus, der Wagen kam zum Stehen. Mein Vater stieg aus, wir brüllten alle von der Tribüne »Weiterfahren, weiterfahren!«, aber es war nichts zu machen [Konflikt, Hindernis]. Die anderen würden ihn bald einholen, und er war so kurz vorm Ziel. Doch da schob er den Lancia langsam an [Veränderung, Wandel], immer schneller, lief neben ihm her, in dieser schrägen Haltung, eine Hand am Lenkrad …« – Sie wollen doch nicht etwa wissen, wie es weitergeht?

[Ihr Vater wurde disqualifiziert und von den Konkurrenten eingeholt. Seine Chips verfeinerte er so, dass er zum exklusiven Zulieferer eines großen Rennstalls wurde. Seine Tochter und sein Enkelsohn führen das Unternehmen erfolgreich weiter. Die Geschichte kursiert heute noch in Sportwagenfahrer-Kreisen.]

Links

Diese Unternehmen fügen dem klassischen Menüpunkt »Historie« Elemente des Storytelling hinzu:
coppenrath-wiese.de
prominent.de
lorberg.com
onitsukatiger.com/de/

Vignetten / Miniaturen

Versuchen Sie sich nicht sofort an DER großen Story. Beginnen Sie mit einer kleinen Szene, wir nennen das »Vignette« oder »Miniatur«. Das ist eine kleine Beschreibung, die Emotionen erzeugt, jedoch nicht notwendig die ganze Palette von Held, Konflikt, Veränderung bedienen muss. Beschreiben Sie eine Person, einen Ort, etwas, das mit Ihrem Unternehmen in einem Zusammenhang steht.

Beispiel Frau Huber betreibt einen Online-Shop für ausgefallene Süßigkeiten aus aller Welt. Im Shop gibt es die Möglichkeit, die Waren nach Ländern zu filtern. Im Teaser zu China heißt es:

Chinesische Süßigkeiten
Unvorstellbarer Lärm und Trubel vor dem Eingang zur Verbotenen Stadt. Wir bekamen nicht mit, dass eine alte Chinesin unserer fünfjährigen Melanie die traditionelle Süßigkeit »Drachenbart« aus langgezogenen Zuckerfäden zusteckte. Seitdem kann sie nicht mehr davon lassen, und China heißt bei ihr das Land der aufgehenden Wonne.

Tipp **Eine Person charakterisieren**

Wenn Sie eine Person, z. B. die Gründerin oder einen Kollegen, beschreiben, notieren Sie sich drei Details, die für diese Person typisch sind. Vielleicht die halbrunde Brille? Der dicke Zopf? Das heisere Lachen? Diese drei Details benutzen Sie in den ersten beiden Sätzen. Sie werden sehen, wie schnell diese Person real wird.

Links

Hier werden für die Vermarktung einer Region Miniaturen über Menschen erzählt:
suedtirol.info/wasunsbewegt/

STORYS AUF TAUGLICHKEIT ÜBERPRÜFEN

Werner T. Fuchs stellt in seinem Buch »Warum das Gehirn Geschichten liebt« mehrere Fragen, mit denen die Storytellerin ihre Geschichte auf Tauglichkeit überprüfen kann:

1. Gibt es einen aufmerksamkeitsstarken Titel? (Headline, ↗ Kapitel 19)
2. Erkennt sich der Leser in der Geschichte wieder? (Kontext)
3. Fühlt sich die Leserin an Erlebnisse aus ihrer Kindheit und Jugend erinnert? (Kontext)
4. Tauchen wiedererkennbare Elemente aus Lieblingsgeschichten darin auf? (Blockbuster-Prinzip)
5. Würde ich die Geschichte weitererzählen?
6. Lässt sich die Geschichte weiterspinnen? (Viralität)

(nach Fuchs, Seite 266 f.)

Haben Sie eine Geschichte oder eine Vignette (Miniatur) fertig geschrieben, überprüfen Sie anhand dieser Fragen, ob sich die Geschichte eignet. Das ist ein simples Schema, bei dem wir es hier in diesem kleinen Kapitel belassen wollen. Eigentlich ist Storytelling aber viel komplexer – lesen Sie mehr dazu, das Thema ist unerschöpflich.

Geschichten erzählen – Geschichten leben

Die schönste Story nützt Ihnen nichts, solange sie Behauptung bleibt und nicht im Unternehmen »gelebt« wird. Erzählen Sie z. B. von der Zeit der Gründung der Firma, so sollte dieser Gründungsgeist sich irgendwo im Unternehmen wiederfinden. Wird eine Story rund um ein Produkt erzählt und nirgendwo wieder aufgegriffen, läuft die Geschichte ins Leere. Zu Recht verlangt der Markenstratege Ty Montague für Unternehmen die Entwicklung vom »Storytelling« hin zum »Storydoing« (Geschichte machen, leben). Beim »Storydoing« geht es nicht darum, die Produkte mittels einer Geschichte noch besser zu verkaufen, sondern dem Kunden eine Erlebniswelt rund um das Produkt zu bieten. Unternehmen wie Red Bull, die Autostadt in Wolfsburg oder das Nivea-Haus in Hamburg führen uns dieses Prinzip vor Augen. Und sollte Ihr Unternehmen kleiner sein als die zuvor genannten, machen Sie es wie wir: Selbst ein bescheidener Neujahrsempfang kann für Ihre Kundinnen zum Erlebnis werden, vorausgesetzt, Sie betten sie in eine authentische Geschichte aus Ihrem Unternehmen ein. Achten Sie auf die Reihenfolge: Erst kommt die Story, dann die Action. Und dafür sei Ihnen die mit Abstand beste Abhandlung über das Storytelling empfohlen: Sie stammt von dem ehrwürdigen Drehbuchautor Jean-Claude Carrière. Wenn Sie seinen Essay »Über das Geschichtenerzählen« lesen, brauchen Sie sich nicht mehr durch die anderen dicken Wälzer über das Storytelling zu quälen. Carrière führt alles auf den Grundsatz zurück, dass »Erzählen bedeutet, sich an ein Publikum zu richten« (Carrière, Seite 181). Denken Sie immer daran, dass Sie für jemanden schreiben, und stellen Sie sich diese Person so genau wie möglich vor. Denn »der einzige Grund, eine Geschichte zu lesen oder anzusehen, (liegt) in unserer Unfähigkeit, sie selbst zu erfinden« (Carrière, Seite 211).

Links

Hier erhalten Sie einen Eindruck davon, wie sich Storytelling in Storydoing verwandelt:

NGO (Nichtregierungsorganisation):
facebook.com/seawatchstories/
Weingut: salwey.de/unser_weingut.html
Eine Region: suedtirol.info/de/das-ist-suedtirol/menschen

Tipp Storytelling-Software

Hat Sie nun das Geschichten-Fieber gepackt, können Sie sich auch in Storytelling-Software hineinfuchsen. Journalistinnen und andere Profis nutzen z. B. pageflow, eine gemeinsam mit dem WDR entwickelte Software für digitales Storytelling.

Die Grafik verdeutlicht noch mal das Grundprinzip für spannende Storys: Ein Held hat ein Ziel, das er unbedingt erreichen möchte. Die Geschichte wird dadurch spannend, dass Hindernisse und womöglich auch eine Gegenspielerin auftauchen. Manchmal (nicht zwangsläufig) gibt es einen Helfer, den »Enabler«.

DAS BLOCKBUSTER-PRINZIP

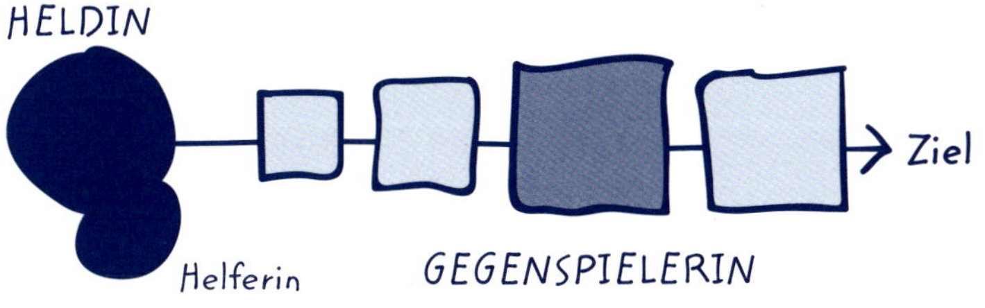

Aus der Agenturpraxis

Eine dieser Tourismuswirtschaft-Veranstaltungen, dieses Mal im Tourismus-Mekka Südtirol. Ich spreche mit dem Marketingleiter des Bio-Hotels, in dem die Veranstaltung stattfindet.
Ich frage, wie es zu der Unternehmung Bio-Hotel gekommen sei. Er antwortet: »Hier hat es schöne Gärten und eine einmalige Landschaft. Das war uns Anlass genug.«
Mein Blick schweift über Obstgärten und den Bergzug im Hintergrund. Die Antwort hat mich nicht befriedigt. Ich frage weiter: »Wo kommen Sie denn ursprünglich her? Was haben Sie vorher gemacht?«
»Meine Mutter war eigentlich dagegen, mich, einen Banker, in den Betrieb zu holen. Dabei ist sie selbst auch keine Gastronomin.«
Merken Sie's? DAS ist eine echte Story. Hier lauert Stoff, aus dem wir etwas machen können. Und die Story geht so:
Die Mutter ist Obstbauerin und ärgert sich irgendwann über die Industrialisierung des Obstanbaus in ihrem Tal. Sie will dagegenhalten und sattelt bereits in den 70er-Jahren auf Bio um – sie wird damals für eine Spinnerin gehalten. Der ältere Sohn distanziert sich von der Mutter und schlägt eine völlig andere Laufbahn ein. Er macht eine Banklehre und steigt erfolgreich ins Bankgeschäft ein. Seine Mutter kommt inzwischen auf eine neue Idee: ein Hotel, das konsequent Bio ist: alle Materialien, das Essen, die Zimmer ohne Elektrosmog, ohne Fernseher, das Schwimmbad, der Wellness-Bereich, alles mit Solarenergie betrieben. Sie fragt ihren jüngeren Sohn (Obst- und Weinbauer), ob er einsteigen möchte, aber der will nicht. Der ältere Sohn fängt an, sich dafür zu interessieren. Er sieht das Vorhaben aus betriebswirtschaftlicher Perspektive, die Mutter will aber keinen Banker im Bio-Hotel haben. Als die Finanzierung ansteht, bietet der Sohn ihr an, den Businessplan zu schreiben. Auf Anhieb klappt die Finanzierung, die Mutter ändert ihre Einstellung zum Sohn, dieser steigt mit in das Geschäft ein.
Weder die Mutter noch der Sohn haben Erfahrung im HOGA-Bereich (Hotel und Gastronomie). Sie wagen es trotzdem: Auf einem ehemaligen Obstanbau-Gelände wird ein großes Hotel gebaut, einzigartig in der ganzen Region. Das Hotel wird ein Erfolg – getragen von der Überzeugung einiger Menschen, dass es manchmal nicht viel braucht, um Regeln zu ändern und die Welt ein kleines bisschen besser zu machen.

Kapitel 19

Von den Profis abgucken

Wir kochen doch alle nur mit Wasser. Manchmal fällt uns einfach nichts ein, wir brüten still vor uns hin, wir benutzen analoge und digitale Helfer, haben gute und schlechte Tage. Und länger als vier aufeinanderfolgende Stunden konzentrierte, kreative Textarbeit (nicht Überarbeitung) schafft kaum jemand. Natürlich kennen die Profischreiberinnen ein paar Kniffe, jede ihre eigenen, die sich im Laufe des Schreibens als nützlich erwiesen haben. In diesem Kapitel verrate ich Ihnen meine Favoriten.
Wer sich noch mehr Tipps von anderen Profis anschauen möchte, dem sei das Buch »Wortschatzkiste« des Linguisten und Gestalters Iven Sohmann empfohlen. Der Autor stellt verschiedenen Kreativen Aufgaben zur Titelentwicklung. Es lässt sich darin gut nachvollziehen, wie Texter, Journalistinnen, Drehbuchautoren und andere textaffine Menschen an Textkreation herangehen. Sie haben alle ihre eigenen Methoden, aber eines eint sie alle: Sie arbeiten am Anfang mit Stift, Papier und gerunzelter Stirn.

KILL YOUR DARLING – VOM REDIGIEREN

Manchmal muss man streng mit sich sein, vor allem, wenn man einen Text geschrieben hat und ihn anschließend *selbst* redigiert. Andere nennen das Überarbeiten von Text auch »Lektorieren« oder schlicht »Korrigieren«. Fürs Redigieren gibt es sogar eine eigene Zeichensprache. Diese offiziellen Korrekturzeichen, mit denen die Schreibprofis und Agenturen arbeiten, klären zweifelsfrei, wie die Korrektur gemeint ist. Die Zeichen lassen sich schnell erklären und erleichtern Layouterinnen, Grafikdesignern und Druckerinnen das Leben. Wie sie angewendet werden, erfahren Sie unter anderem im Duden, Band 1, Deutsche Rechtschreibung.
Es kommt oft vor, dass das Überarbeiten eines Textes länger dauert als das Schreiben der ersten Fassung. Wollen Sie eine handfeste Anleitung zum Redigieren haben, halten Sie sich an das Standardwerk von Sol Stein: »Über das Schreiben«. Eine seiner Anweisungen lautet: »Werfen Sie im Zuge Ihrer Überarbeitung alle überflüssigen Adjektive und Adverbien raus. Streichen Sie ›sehr‹. Streichen Sie das Wort ›einfach‹ überall da, wo Einfachheit nicht zur Debatte steht. Sorgen Sie dafür, dass jedes Wort zählt« (Stein, Seite 404). (Und ja, das habe ich auch mit dem Manuskript zu diesem Buch gemacht.)
Manchmal ist es ein genialer Einfall, der sich am Ende als unpassend herausstellt. Sie hatten zwar eine berückende Idee, jedoch fügt diese sich inhaltlich nicht in Ihre Unternehmenswebsite, Ihre Blog-Texte, Ihren Facebook-Unternehmensauftritt ein. Jetzt heißt es: tapfer sein und seinen Liebling sausen lassen *(kill your darling)*.
Im Idealfall finden Sie eine andere Person, die sich Ihren Text vorknöpft, aber vielleicht leben Sie mit einer/m unkritischen Liebsten zusammen, die/der alles nur toll findet, was Sie schreiben. Merke: Sie selbst dürfen nicht alles toll finden, was Sie schreiben.

Beispiel Es ist schon eine Weile her (zum Glück), da hat dieser Web-Text unsere Agentur verlassen:

»Das Vorhaben Ärztehaus Rhinstraße ermöglicht im kollegialen Miteinander eine nachhaltige und erfolgreiche Perspektive für Ärzte und medizinische Kollegen an einem belebten Standort mit hohem Entwicklungspotenzial. Bei Interesse wenden Sie sich gerne an uns.«

Wie gefällt Ihnen der Text? – Sie können an diesem Beispiel auch von Profis lernen, was Sie **nicht** tun sollten. Heute würden wir eine solche Textsünde nicht mehr über die Schwelle unseres Gewerbehofs lassen, in dem wir beheimatet sind. Ich war verliebt in die Formulierungen »kollegiales Miteinander« und »hohes Entwicklungspotenzial«, der Auftraggeber übrigens auch. Wir wollten diese unbedingt unterbringen. *Kill your darling*, kann ich da nur sagen.

Heute würden wir es vielleicht so lösen: »Das Ärztehaus Rhinstraße ist der neue, lebendige Standort für Ihre medizinische Praxis. Mitten in der quirligen Neustadt gelegen, arbeiten Sie mit anderen Kolleg:innen (Ärzt:innen, Physiotherapeut:innen und Ernährungsberater:innen) unter einem Dach. Rufen Sie an unter 12 34 56 78. Wir zeigen Ihnen gerne Ihre neuen, schönen Praxisräume.«

Tipp **Abstand zahlt sich aus**

Schlafen Sie eine Nacht über Ihre Zeilen. Am nächsten Morgen sieht alles anders aus, Sie hängen nicht mehr so an Formulierungen, die Sie sich mühsam abgerungen haben, und das Redigieren geht Ihnen leichter von der Hand.

DIE HEIMLICHEN HELFER: WÖRTERBÜCHER UND CO.

Ob Sie lieber dicke Print-Wälzer mögen oder alles digital nachschlagen: In jeder Text-Agentur wird mit Synonym-Wörterbüchern, Rechtschreibhilfen und Wortschatz-Sammlungen gearbeitet. Die Rechtschreibhilfen der Textverarbeitungsprogramme sind mittlerweile so gut, dass Sie sich fast vollständig darauf verlassen können. Wo Sie unsicher sind, schlagen Sie das besagte Wort im Duden-Klassiker, Band 1, Deutsche Rechtschreibung nach (gibt es auch als Software). Auf knifflige Fragen, die immer wieder auftauchen, finden Sie schnell eine Antwort in diesem Titel: »Ja wie denn nun? Sprachliche Zweifelsfälle und ihre Lösung«, Duden 2017.
Und nein, der Thesaurus von Word reicht nicht! Die Profis arbeiten eher mit Wortschatz-Sammlungen als mit reinen Listen von Synonymen. Diese Sammlungen eignen sich dafür, Wortfelder anzulegen. Aus diesen Wortfeldern können Sie kreative Texter-Kraft schöpfen (↗ Kapitel 3, Seite 42 ff.).

HEADLINES FÜR VIELSCHREIBERINNEN

Wir können uns nicht jeden Tag etwas Einmaliges aus den Fingern saugen, das findet auch Robert W. Bly. Er ist einer der gefragtesten Copywriter (englisch für Texter) in den USA. Er war so liebenswürdig, uns Textern und denen, die es werden wollen, seine Headline-Liste zu offenbaren, mit der er arbeitet. Sage und schreibe 38 verschiedene Kategorien zählt er auf – wir begnügen uns hier mit einer Auswahl und haben neue Beispiele dazu getextet.

HEADLINE-KATEGORIEN

Headline-Kategorie	Beispiel
Eine Frage stellen	Was haben Lego und Beate Uhse gemeinsam?
Die Leserin auffordern	Finden Sie den Fehler!
Zahlen und Statistik einbauen	82 % aller Kinder essen gerne Weingummi
W-Wörter an den Anfang stellen (wie, warum, wozu, was usw.)	Wie Sie Fehler beim Hausbau vermeiden
Bildhafte Sprache benutzen	Das E-Mail-Postfach explodiert
Mit einem Zitat und/oder Testimonial arbeiten	»Mit 2020 waren wir extrem unzufrieden«
Ein Geheimnis verraten	Hinter den Kulissen der großen Drogeriemärkte
Eine Teil-Zielgruppe ansprechen	Wir suchen Menschen, die gerne heiß baden
Ein Zeit-Element einfügen	In 30 Tagen zum Nichtraucher
Die Einsparung, die Kosten betonen	50 % weniger Ausfallzeiten
Eine Herausforderung formulieren	Essen Sie auch nur Stullen im Büro?
Den Preis benennen	Das Modell Marie kostet nur 8,50 €
Mit Widersprüchen arbeiten	100 % Steuerersparnis – ganz legal
Mit einer Auflistung locken	3 Gründe für ein neues Bügeleisen

(Nach Bly, Seite 26–29)

WIR LIEBEN GELABER

Hat Sie diese Zwischenüberschrift neugierig gemacht, zumindest ein wenig? Das ist nicht verwunderlich, denn hier wurde mit der »paradoxen Intervention« gearbeitet: Sie machen eine Aussage, in der zwei Dinge auf den ersten Blick nicht zusammenpassen. Das ist ein Texter-Werkzeug, das Ihnen fast immer die Aufmerksamkeit der Leserin garantiert. Gerade bei Headlines lässt sich dies gut einsetzen. Einige solcher Kniffe kennen Sie vielleicht schon:
»Sie haben uns gerade noch gefehlt« (aus einer Online-Stellenanzeige)
»Nachts zur Arbeit gehen« (ein Coworking-Space wirbt mit 24/7-Öffnungszeiten)
»Wir verlieren täglich Kunden und das freut uns, denn wir verlieren sie paarweise!« (Werbeslogan von Parship)

Mismatch

Etwas Ähnliches ist der Mismatch, bei dem Bild und Text auf den ersten Blick nicht zusammenpassen. Printanzeigen bedienen sich manchmal dieses starken Prinzips. Wir schlachten hier in der Agentur regelmäßig Magazine aus, um uns von den Anzeigen inspirieren zu lassen. Was als perfekte Print-Headline daherkommt, ist die Essenz aus mehreren Tagen Texterarbeit in Agenturen. Sie sind durchdacht, ein Mismatch wird nicht eben nebenbei erfunden. Wie ein Krimi liest sich das Kultbuch »Geständnisse eines Werbemannes« – dort berichtet einer der berühmtesten Werber unserer Zeit, David Ogilvy, vom Entstehungsprozess genialer Werbetexte. Da wird man doch schnell demütig.

Beispiel 1 Das Magazin *capital* wirbt in einer Zeitschrift mit dem stimmungsvollen Foto eines sympathischen, jungen Mannes in Alltagskleidung, ein Hosenbein ist hochgekrempelt. Er steht in einer leicht heruntergekommenen Fabriketage und hält sein schnittiges Rennrad fest. Darunter steht in großen Lettern »Aufsichtsrat«.

Beispiel 2 Ein Hersteller von Gesundheitsschuhen schaltet eine ganzseitige Anzeige in einem Magazin: In der oberen Hälfte des Papiers sehen wir in Großaufnahme das entspannte Gesicht einer Frau, die Augen hat sie geschlossen, auf den Lippen ein zufriedenes Lächeln. In der zweiten Bildhälfte steht in großer Typo: »So sehen entspannte Füße aus.«

RHYTHMUS

Manche haben ihn im Gefühl, andere müssen sich ihre Wörterketten immer wieder anschauen, um einen angenehmen Satzrhythmus zu finden. »Wörter bilden Sätze, Sätze bilden Absätze, manchmal gewinnen Absätze an Tempo und beginnen zu atmen.« So schreibt der Bestsellerautor Stephen King in seinem Buch »Das Leben und das Schreiben«, und so ist das auch mit dem Rhythmus (King, Seite 152).
Bei kurzen Texten – und um die geht es ja meistens bei Web-Texten – ist der Rhythmus der Sprache besonders wichtig. Sie müssen dazu keine Schreibwerkstatt besuchen, es reicht, sich an einige wenige Grundsätze zu halten:

- Halten Sie Ihre Sätze kurz. Schreiben Sie Hauptsätze mit maximal einem Nebensatz bzw. Einschub.
- Wechseln Sie längere Sätze mit kurzen ab, damit es nicht monoton klingt.
- Wo möglich, ziehen Sie das Verb dem Nomen vor. Wir denken und sprechen und handeln in Verben. Leser empfinden Nomen intuitiv als Hemmschuh – sie blockieren den Fluss der Sprache.
- Achten Sie darauf, dass das letzte Wort in einem Absatz mit einem Konsonanten endet. Noch besser ist es, dafür ein einsilbiges Wort zu finden. Das schließt das Textstück gut ab (hier sogar zwei einsilbige Wörter: »gut ab«).
- Wenn Sie eine kleine Aufzählung starten, versuchen Sie es mit einer Dreier-Reihe. In den Texten ergeben sich auf diese Weise Geschmeidigkeit, Takt und Klang von selbst.

- Arbeiten Sie in Maßen mit Alliterationen, das heißt: Sie benutzen Wörter, die mit gleich klingenden Konsonanten oder Vokalen beginnen. Die zieht der Leser nämlich unwillkürlich zu einer rhythmischen Einheit zusammen. Und schon haben Sie himmlische Happen an Text (»haben« … »himmlische« … »Happen«).
- Lesen Sie das Geschriebene laut vor. Noch besser: Lassen Sie sich Ihren Text von jemand anderem laut vorlesen. Wo die Vorleserin stockt, stockt später auch der Online-Leser, obwohl er sich ja nicht selbst laut vorliest. Es reicht, wenn er in Gedanken kurz innehalten muss. Ändern Sie die Passagen, die in Ihrem Ohr und in dem der Vorlesenden holprig klingen.

Tipp **Die lahme letzte Zeile**

Manche Schreiber ruinieren den Pfiff ihres Textes, indem sie ans Ende einen überflüssigen Satz stellen. Der amerikanische Schreibcoach Jack Hart bezeichnet es als die *lame last line*, die lahme letzte Zeile. Sie können das bei sich überprüfen, indem Sie im Kopf den letzten Satz Ihres fertigen Textes weglassen. Kommt der Text vielleicht besser ohne ihn aus?

EIN HOCH AUF DEN HUMOR

Hier können wir uns fraglos etwas von den amerikanischen Sachbuch-Autorinnen abgucken. Im amerikanischen Sprachraum ist es gang und gäbe, eine Prise Humor einzustreuen, auch bei akademischen Themen und wissenschaftlichen Artikeln. Erstens schadet es nicht und zweitens lockert es den Lesefluss. Im Deutschen tun wir uns damit schwerer. Unternehmen, die sich meist zugeknöpft geben, schlagen zum Glück wenigstens in den Social Media einen lockeren, bisweilen sogar humorvollen Ton an.

Das verträgliche Maß an Vergnügtheit in Ihren Texten finden Sie, wenn Sie sich vorstellen, dass Sie mit Ihrer Leserschaft nach Feierabend in einem schönen Biergarten sitzen und ein paar nette Dinge von Ihrem Business erzählen. Sie können selbst entscheiden, ob Sie in dieser Vorstellung die Menschen, zu denen Sie sprechen, duzen oder siezen. Erzählen Sie Ihren Zuhörerinnen kleine Anekdoten. An welcher Stelle sind Sie in Ihrem Unternehmensalltag einmal überrascht worden? Wo hätten Sie anders entschieden? Wer hat es Ihnen mal so richtig gezeigt? Und wem haben Sie gezeigt, was eine Harke ist? Teilen Sie so etwas mit dem Leser. Erspüren Sie, wie er sich gerade fühlt, und bedienen Sie genau das mit einem Quäntchen Humor.

Beispiel Die Tumblr-App führt mit vergnügten Texten durch die gesamte Anwendung. Dort hat man sich – wie fast überall in den Social Media – für das Duzen entschieden. Die Texte sind klar formuliert, mit einer Prise Humor.

Für Neulinge bietet Tumblr eine Tour an, die so eingeleitet wird:
»Die Erklärung ist komplizierter als die Verwendung von Tumblr.«

Wenn die Userin die ersten Schritte gemacht hat, heißt es:
»Okay, eigentlich ist es einfach zu erklären. Wir haben gelogen. Aber jetzt weißt du, wie es funktioniert, also hereinspaziert.«

Hat die Userin sich bisher nur umgesehen, sich aber noch nicht registriert, erhält sie nach einigen Sekunden die Info:
»Es ist Zeit, Tumblr auszuprobieren. Du wirst dich nie mehr langweilen.«

Es gibt auch Nachhilfe, wenn der Nutzer sich nicht entscheiden kann, wem er folgen soll:
»Jetzt wird's persönlich. Was immer dir gefällt, Tumblr hat's. Folge ein paar Tags, die du interessant findest, um an dieser Stelle Vorschläge zu erhalten.«

Links

Ebenfalls humorvoll führt das Newsletter-Programm MailChimp durch die Software (auf Englisch):
mailchimp.com

Humorvolle Selbstbeschreibung dieser Agentur:
bildhaus-potsdam.de

Dieser Möbelhersteller hat die Leichtigkeit des Humors schon seit Jahren für sein Unternehmen entdeckt:
moormann.de

Weg vom Besserwisser-Image hin zum augenzwinkernden Wissensteiler:
facebook.com/Duden/

Ausgereifter Humor für die Web-Gemeinde auch bei ernsten Themen:
jetzt.de

UNTERNEHMENSSPRACHE

Einige Unternehmen haben erkannt, dass die Sprache selbst ein einflussreicher Ausdruck ihrer Markenidentität ist. Nicht nur das Logo eines Unternehmens sollte an allen Markenkontaktpunkten präsent sein, sondern auch durchdachte Bezeichnungen von Produkten und Services und eine wiedererkennbare Sprache, die das Unternehmen repräsentiert. Sollte Ihr Business groß genug sein, um sich eine Corporate Language, eine Unternehmenssprache, auch *corporate wording* oder *corporate code* genannt, leisten zu können, lassen Sie diese von einer kompetenten Agentur entwickeln, bevor Sie überhaupt mit dem Texten beginnen.
Eine Unternehmenssprache (Corporate Language) definiert Klang (Tonalität) und Wortwahl (Wording) der sprachlichen Äußerungen an den Markenkontaktpunkten des Unternehmens. Dies geschieht auf der Grundlage des Leitbildes (Werte und Haltung).
Entwickelt unsere Agentur eine Sprache für ein Unternehmen, bildet eine ausführliche Bestandsaufnahme den Auftakt. Alles, was an Sprache mit dem »Draußen« in Berührung kommt, wird akribisch untersucht: von Printprodukten wie Flyern, Briefen, Beschriftungen, Anzeigetafeln bis hin zur digitalen Sprachwelt: Website, Social Media, Buchungsbestätigungen, E-Mails usw.

Auch die gesprochene Sprache ist Gegenstand der Untersuchung. Das ist bei Unternehmen wertvoll, die viel Kundinnenkontakt haben. Wie sprechen die Berater am Tresen? Wie antworten die Kolleginnen im Telefoncenter auf Anfragen? Wie begrüßen die Mitarbeiter Gäste im Firmenfoyer? Wenn Sie Zeit und Lust haben, so etwas einmal selbst in die Hand zu nehmen, werden Sie erstaunt sein, wie heterogen in Ihrem Unternehmen mit Sprache umgegangen wird. Das ist nichts Außergewöhnliches und kein Grund zur Sorge: Es hat sich ja nebenbei so entwickelt, es ist nirgendwo dokumentiert und Sprache an sich ist ja ein veränderliches Medium.
Einen verlässlichen Pool an Begriffen fürs Texten bilden Schlüsselbegriffe, wir nennen sie »Alphawörter®«. Das sind Wörter, die für das Unternehmen stehen und möglichst durchgängig genutzt werden sollten. Sie sind fast wie ein Keyword, nur dass das Alphawort® nicht für einen Suchbegriff steht, sondern für die Marke und das Markenerlebnis.
Abgeschlossen wird ein Corporate-Language-Projekt mit handfesten Kommunikationsregeln fürs Schreiben und Sprechen. Existieren solche Regeln bereits, ist es für alle Menschen mit Textverantwortung im Unternehmen erheblich leichter, Texte zu verfassen und dem Unternehmen nach außen einen homogenen Sprachauftritt zu geben. Auch externe Agenturen profitieren von einer definierten Corporate Language, denn sie wissen genau, was die Auftraggeberin wünscht. Falls Sie es mit den Texten für Ihr Unternehmen also grundsätzlich angehen möchten, denken Sie noch einmal über das Thema Unternehmenssprache nach. So ein Projekt ist hochinteressant und macht den Mitarbeitern im Unternehmen Freude – so zumindest unsere Erfahrung.

Links

Diese Unternehmen arbeiten bewusst mit einer Corporate Language:
Bundesverband der Volksbanken und Raiffeisenbanken: bvr.de
Versandhandel: otto.de
Stadtmarketing: linztourismus.at oder visitberlin.de
Möbelhaus: ikea.de
Kosmetikprodukte: nivea.de
Autohersteller: porsche.com

Wer sich intensiver mit diesem Thema auseinandersetzen möchte: In ihrem Buch »Text sells« stellen die Autoren Reins, Classen und Czopf ausführlich weitere Unternehmenssprachen vor.

DAS WORTFELD »INNOVATIV«

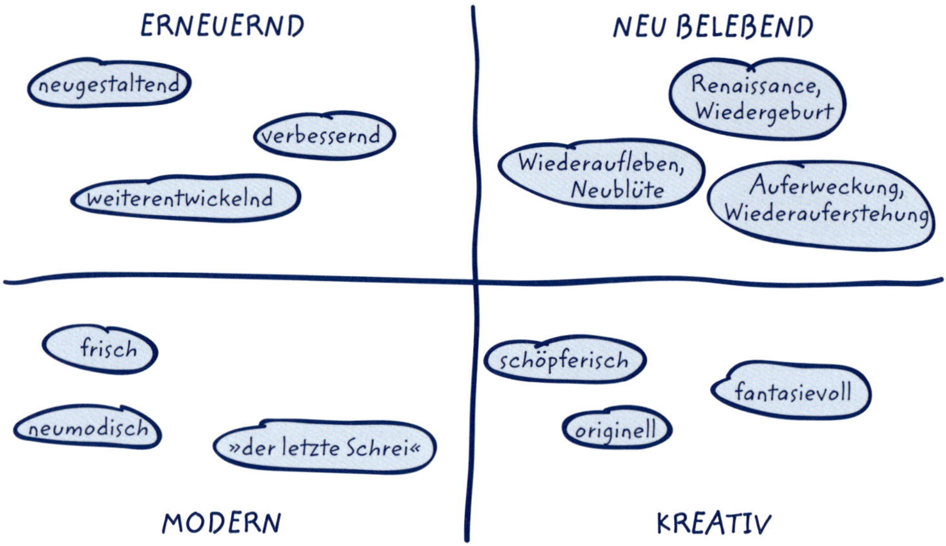

Die »linguistische Analyse« von Markenwerten ist in unserer Agentur Teil der Entwicklung einer Unternehmenssprache. Zu jedem Markenwert öffnen wir ein Wortfeld und clustern die gefundenen Begriffe. An dieser Stelle ist ein etymologisches Wörterbuch hilfreich, um die Wortfelder gründlich zu bearbeiten.

Aus der Agenturpraxis

Für Lockerungsübungen vor dem Schreiben benutzen wir Farbkarten. Das sind DIN-A5-große Farbmuster vom Farbenhersteller Pantone. Die Aufwärmübung geht so:

Jeder nimmt sich eine Farbkarte und legt sie vor sich hin. Innerhalb von 60 Sekunden schreibt jede alle Assoziationen zu dem Farbton auf, die ihr in den Sinn kommen. Nach einer Minute wird die Farbkarte im Uhrzeigersinn weitergereicht, und die nächste Inspirationswelle kann losgehen. Dabei ist es wichtig, nicht nur Dinge zu benennen, die die jeweilige Farbe tragen, sondern abstrakter vorzugehen, Gedanken fließen zu lassen. Die grüne Farbkarte zum Beispiel könnte solche Assoziationen hervorrufen wie Gras, Ampel, Grünstreifen, Vorgarten (bis hierhin noch ziemlich nah dran an Gegenständen, die grün sind), weiter geht es mit: Kaugummi, Garten, Tapete, Ausstellung (schon etwas weniger konkret) und: Sommer in Ungarn, Wärme, Freiheit, neues Glück, Kinderlied – hier kommen also Erinnerungen als Abstraktion mit ins Spiel.

In unseren Workshops machen wir mit den Teilnehmenden die Farbkarten-Übung. Am Anfang sind sie noch zögerlich und bleiben an konkreten Dingen hängen. Später aber weiten sich die Assoziationsketten – eine gute Voraussetzung fürs Schreiben. Anschließend darf jede, die möchte, ihre Stichworte vorlesen.

Kürzlich im Workshop, die Farbe Lila war dran. Ein Teilnehmer liest vor: »Aubergine, Priestergewand, Karwoche, Buße, Erstkommunion, Tränen, Geld verloren, Lavendel, Provence, zu viel Rosé, Kater, stechender Himmel, Fensterläden, Kühle, Ventilator.« – Wir waren in Gedanken beim kleinen Katholiken, beim Verlust einer Geldbörse, bei einem Urlaub in Südfrankreich.

Nun die Farbe Grau, der besagte Teilnehmer war wieder eifrig: »Dover, Nebel, Übelkeit, Fähre, Porridge, St. Paul's Cathedral, falsches Kaminfeuer, Katzenhaare im Bett, Sprung im Waschbecken, Seife, Geruch nach Waschmittel …« – Wir mussten den Teilnehmer stoppen, sonst hätte er uns nicht nur nach England und in das unwirtliche Haus seiner Gastfamilie mitgenommen, sondern womöglich noch bis nach Asien zu den Elefanten.

Raten Sie mal, wen wir gefragt haben, als wir einen Texter für ein Unternehmen suchten, das Stoffmuster vertreibt.

Kapitel 20

Content-Marketing im Blick behalten

Überall ist von Content-Marketing die Rede, es scheint wichtig zu sein (ist es auch) – was ist es denn nun genau? Wir räumen einmal ein bisschen auf: Das Wort »Content« kommt aus dem Englischen und steht für »Inhalte«. Für die Vermarktung von Inhalten im Web (Content-Marketing) brauchen Sie sich nur vier Punkte zu merken:

Erstens: Vergessen Sie Online-Werbung wie Banner und Werbespots. Zweitens: Denken Sie an Ihre Zielgruppe und daran, was nötig ist, um sie fundiert zu informieren, weiterzubilden oder zu unterhalten (oder an alles auf einmal). Drittens: Schauen Sie sich an, welche Kommunikationskanäle Sie bespielen und wie Sie diese mit informativen, bereichernden und unterhaltsamen Inhalten füllen könnten. Viertens: Verknüpfen Sie alles miteinander. Das steigert Ihre Auffindbarkeit im Web, generiert Besucherinnen auf Ihren Seiten und sorgt dafür, dass Besucher innerhalb Ihrer Webauftritte aktiv werden. Jetzt wissen Sie, was Content-Marketing ausmacht.

ERSTENS: BANNER-WERBUNG VERGESSEN

Beim Content-Marketing geht es um redaktionelle Beiträge (nicht um Werbeanzeigen!), die gezielt im Web platziert werden. Es besteht ein journalistischer Anspruch; die Motivation, diese Inhalte zu verteilen, kommt jedoch aus dem Unternehmen selbst und nicht von einer unabhängigen Journalistin. Darüber darf nicht vergessen werden, dass die Zielgruppe informiert, weitergebildet und unterhalten werden möchte.
Die Merkmale einer solchen Web-Botschaft sind Relevanz, also Bedeutung für die Zielgruppe, und Glaubwürdigkeit, keine laute, offensichtliche Werbung, sondern inhaltlich substanzielle Texte, genauso wie beim redaktionellen Beitrag in Printprodukten.
Jetzt kommt das Schöne: Google und andere Suchmaschinen belohnen das. Bestimmt. Google und Co. interessieren sich für echte Inhalte (Content) und nicht ausschließlich für die Anzahl von Keywords und Verlinkungen. Denn die Suchmaschinen sagen sich: Nur das, was für den Nutzer relevant ist (Information, Weiterbildung, Unterhaltung), sollte von uns (Google) gut und schnell für die Userin auffindbar gemacht werden. Der Rest ist schlicht Werbung oder sogar – Murks. Google kündigte im Herbst 2016 an, ab 2017 keine Webseiten mehr in den Suchergebnissen zu zeigen, die Pop-up-Werbung verwenden – das bezieht sich zwar nur auf einzelne Seiten, nicht auf die ganze Domain, ist aber trotzdem eine Ohrfeige für jede aufdringliche Werbung. Werbung darf sein, hat jedoch für die Werbetreibenden an Relevanz gegenüber gutem Content-Marketing verloren. Gut für uns alle, die viel schreiben: Wir dürfen gute Texte schreiben, und gerade deswegen lieben uns die Suchmaschinen.

ZWEITENS: ZIELGRUPPE INFORMIEREN, WEITERBILDEN, UNTERHALTEN

Relevanter Content ist Inhalt, der für Ihre Leser von Bedeutung ist. Nicht mehr und nicht weniger. Also sollte er mindestens eines der folgenden Kriterien erfüllen:

1. Sie informieren und halten die Nutzerin auf dem neuesten Stand. Sie stellen sich dadurch als gewissenhaft arbeitendes Unternehmen dar und – falls Recruiting eines Ihrer Ziele ist – als guter Arbeitgeber.
2. Sie bilden weiter. Sie sind Expertin auf Ihrem Gebiet und teilen Ihr Wissen. Der Nutzer erweitert sein eigenes Wissen, wohlgemerkt, ohne dass es ihn etwas kostet.
3. Sie unterhalten Ihre Zielgruppe. Sie schaffen kurzweilige Inhalte, sei es durch Text, Bild oder Video oder die Kombination aus allem.

Sie informieren

Eine Steuerkanzlei informiert über Fristen, eine Ticketagentur über Veranstaltungen, eine Fahrschule über neue Crashkurse in den Sommerferien. Andere relevante Infos sind aktuelle Nachrichten aus der Branche, Presseberichte, Zeitungsartikel, Radio- und TV-Sendungen.
Auch die Fragen-und-Antworten-Seiten (FAQ) gehören dazu. Je nachdem, mit welcher Motivation die Nutzerin auf Ihre Seite kommt, sind die FAQs zu formulieren. Will sie etwas herausfinden oder etwas kaufen? Will sie sich registrieren oder etwas downloaden?

Links

Diese Seiten liefern für ihre jeweilige Zielgruppe relevante Informationen:
Fachzeitschrift: aerzteblatt.de/blogs
Dentaltechnik: dentaltechnik-tamaschke.de/blog/
Nichtregierungsorganisation: unicef.de/informieren/blog
Organisationsberatung: angelika-philipp.com/blog/
Regionalmarketing: suedtirol.info/de/das-ist-suedtirol/menschen

Sie bilden weiter

Es ist nicht nur eine noble Geste, Ihr Wissen mit anderen im Netz zu teilen, sondern aus Sicht des Content-Marketings auch klug. Bieten Sie Ihre Inhalte als Download an, z. B. als White Paper. Das ist eine komprimierte, sachliche Darstellung zu einem ausgewählten Aspekt, mit dem sich Ihr Unternehmen beschäftigt. Posten Sie Anleitungen, auch als Video, um Nutzern das Leben leichter zu machen. Porträtieren Sie Menschen, von denen Sie gelernt haben, oder interviewen Sie sie.
Oder Sie arbeiten mit Listicals (Listen, die Fragen beantworten), um Ihre Nutzerinnen weiterzubilden: Alles, was schön proportioniert W-Fragen beantwortet, liebt der Leser. Denn es sind seine Fragen, die hier beantwortet werden, er erhält dadurch einen Benefit.

Beispiel 1 Eine Fahrradmanufaktur benutzt in ihrem Blog häufig Listicals. Sie sind zum Beispiel so betitelt:

- 4 Arten, eine Steigung zu bewältigen
- 3 Gründe, warum Laufräder für 2-Jährige perfekt sind
- 10 neue Bikes aus Italien, die es in sich haben
- 5 neue Tricks, wie Sie sich für den Fahrradsommer fit machen

Beispiel 2 Der Buchhändler Herr Karstens hat ein Händchen für gute Neuerscheinungen. Er veröffentlicht jeden Donnerstag eine kurze Rezension auf seiner Website und betitelt diese mit »Für Romantikerinnen« oder »Für Krimi-Fans« oder »Für Leute mit Angst vor Zahlen«. Am Ende des Artikels verweist er auf andere Bücher, die er bereits besprochen hat: »Wer das Buch ›Fliehender Stern‹ von Le Clézio gerne gelesen hat, wird auch diese Neuerscheinung mögen.« Herr Karstens verlinkt selbstverständlich intern auf die zuvor publizierte Rezension. Außerdem postet er diese Rezension parallel auf Facebook.

Beispiel 3 Frau Heinemalter führt einen Schreinerbetrieb, der auf das Restaurieren von Möbeln spezialisiert ist. Gemeinsam mit einem Mitarbeiter postet sie hin und wieder Fotos von besonderen Möbelstücken auf Instagram. Die Bildunterschriften sind knapp, jedoch gibt es Verweise auf die Unternehmenswebsite, auf der man sich eine Anleitung zur Pflege solcher Unikate anschauen und herunterladen kann.

Vorbildlich sind oft junge Start-ups darin, ihre Expertise weiterzugeben, denn sie haben (meist als *digital natives*) die Kultur des Teilens bereits verinnerlicht. Bei der Online-Marketing-Agentur RYTE gibt es z. B. eine »Lernecke«: de.ryte.com/knowledge-base/

Sie unterhalten

Sie werden Ihre Zielgruppe mittlerweile gut genug kennen (↗ Kapitel 1), um zu wissen, was diese als Unterhaltung empfindet. Sind es kurze Videos von Pannen und Pleiten? Sind es Interviews mit Berühmtheiten, Ausschnitte von Konzerten? Sind es zu kunstvollen Cards arrangierte Zitate oder sind es Memes (meist spitzfindig bearbeitete Bilder oder Videoausschnitte, die sich rasant im Internet verbreiten und deren sich immer weiter entwickelnde Motive Kultstatus besitzen)? Vielleicht fühlt sich Ihre Zielgruppe durch Videoclips oder kleine Spiele unterhalten? Egal, womit Sie agieren – es darf keine beschönigende Werbung sein, sondern sollte in die Rubrik Information oder Unterhaltung gehören.

Beispiel Die Fahrradmanufaktur aus Kapitel 16 veröffentlicht auf ihrer Website und parallel dazu auf Facebook und Instagram jede Woche ein neues Foto unter der Rubrik »Panne der Woche«. Da die Inhaberinnen begeisterte Mountainbiker und Downhillfahrerinnen sind, haben sie täglich neues Fotomaterial, das sie durchforsten können: Mal ist es der schlammbespritzte Kollege; in der Woche darauf ist es ein verbogenes Vorderrad, das den 8-Meter-Sprung vom Hügel auf die Felsplatte darunter nicht verkraftet hat, oder das Laufrad des Kleinkindes der Kollegin, das an einem bierseligen Abend unter dem Gewicht eines 90-kg-Mannes zerbrochen ist.

Links

Diese Unternehmen wissen ihre Zielgruppe gut zu unterhalten:
Musikagentur, die mehrmals im Jahr exklusive Musik-Mixe zur Verfügung stellt: musique-couture.com/portfolio/musique-couture-mixe/
Perfekte Zielgruppenansprache: facebook.com/Brigitte
Veranstaltungsagentur: askhelmut.com
Stadtmarketing: instagram.com/visit_berlin/
Museum: futurium.de (Diese Website ist außerdem vorbildlich bezüglich Barrierefreiheit.)

DRITTENS: KANÄLE MIT CONTENT BEFÜLLEN

Also dann mal los! Welche Kanäle stehen Ihnen zur Verfügung? Bespielen Sie alle davon. Natürlich nicht mit völlig identischen Inhalten, sondern in Variationen. Ich zeige das am besten anhand eines Beispiels.

Beispiel Die Fahrschule Fahrenkamp hat – das liegt in der Natur der Sache – eine junge Zielgruppe. Ihre Unternehmenswebsite ist ein schicker One-Pager, bestens geeignet für die mobilen Endgeräte der jungen Kundinnen. Auf dieser Website stellt Frau Fahrenkamp im Segment »Unterwegs« Fotos von Streckenabschnitten ein, die zu den Standardtouren der Fahrprüfer gehören. Dazu schreibt Frau Fahrenkamp stets einen Kommentar, der Hintergrundinfos enthält. (»Achtung, hier steht das Ortseingangsschild hinter einer alten Kastanie. Lieber vorher runter vom Gas.«) Dieses Foto mit Kommentar wird parallel auf Facebook gepostet, jedoch erweitert um mehr Bilder, denn hier ist der Platz dafür da. Fahrschülerinnen werden ermuntert, die Fotos zu kommentieren, und das lässt nicht lange auf sich warten. (»Krasse Kurve, geht nur mit 40 km/h. Die Prüferin wollte mich echt reinlegen.«) Die Posts werden eifrig geteilt. Die Fahrenkamps bespielen außerdem einen Instagram-Account: Fotos von unterwegs, allerdings dieses Mal mit ästhetischem Anspruch (eine Überlandfahrt in der Dämmerung, die alte Allee hinter dem Ortsausgang, das zugewucherte Gelände einer alten Seifenfabrik). Diese Fotos stammen nicht alle von den Fahrenkamps, sondern von den Fahrschülern, von denen oft einer untätig auf der Rückbank sitzen muss, bis seine eigene Fahrstunde beginnt. Logisch, dass diese Fotos von den Jugendlichen untereinander geliket und geteilt werden. Auf der Facebook-Seite informiert Frau Fahrenkamp über einen Fotowettbewerb, den der Landesjugendring ausgerufen hat, sie verlinkt auf die entsprechende Seite – und diese wird später den Instagram-Account verlinken, aus dem das Gewinnerfoto hervorgegangen ist. (Jetzt sind wir bei viertens angelangt.) Von der Preisverleihung gibt es ein Video, das auf Facebook gepostet wird und das sich die Zielgruppe zurechtkürzt auf wenige Sekunden, um es via TikTok weiterzuverbreiten.

Tipp **Unique Content**

Der sogenannte *unique content* (einzigartiger Inhalt) bezieht sich auf den Content einer Webseite. Dieser darf nicht noch einmal auf einer anderen Webseite oder auf der eigenen Seite genauso auftauchen, denn das wird von Google und Co. »bestraft«. Was in den Social Media gepostet wird und sich naturgemäß durch das Teilen doppelt, fällt nicht unter dieses Prinzip.

VIERTENS: ALLES MITEINANDER VERKNÜPFEN

Dafür gibt es einen Fachbegriff: Seeding (englisch für »säen, aussäen, streuen«). Inhalte, die man für die Website erstellt, erreichen durch Seeding via Facebook und Co. ein größeres Publikum und bringen im besten Fall Traffic (wieder so ein Wort: »Verkehr, Besucher«) auf die eigene Seite. Das Plus von Facebook und anderen sozialen Netzwerken ist natürlich die hohe Interaktivität. Deswegen sollten Sie nicht nur selbst posten, sondern auch andere Posts teilen, bewerten, kommentieren etc. Ermutigen Sie Ihre Nutzerinnen zur Interaktion, zum Teilen. Wenn von verschiedenen Seiten, z. B. innerhalb von Facebook, auf einen Artikel geklickt wird, weiß Google, dass er häufig weiterempfohlen wurde. Das Liken selbst kann Google nicht auslesen.

Bedeutungsvoll wird es, wenn Sie Multiplikatoren und Meinungsführerinnen (auch »Influencer« genannt) erreichen. Im Fall von Fahrenkamp wäre z. B. der ADAC ein mächtiger Multiplikator – aber wohl eine Nummer zu groß. Zunächst tut es auch das branchenfremde Portal für Landschaftsfotografie, das die Bemühungen der Fahrenkamps wertschätzt.

Auch das Versenden eines Newsletters gehört zum »Seeding«. Sein Schwerpunkt sollte das Infotainment sein, nicht das Herausstellen der eigenen Errungenschaften (↗ Kapitel 16).

Beispiel Herr Fahrenkamp hält bei der DEKRA einen Vortrag über die veränderten Anforderungen an Fahrlehrerinnen und Fahrlehrer. Diesen Vortrag gibt es als Videoaufzeichnung, und die stellt er auf der Website unter dem Menüpunkt »Eltern« ein. Die Fahrschüler interessiert das nämlich nicht die Bohne – ihre Erziehungsberechtigten umso mehr. Die Fahrschule Fahrenkamp stellt sich mit diesem geteilten Wissen als Experte vor und ermuntert die Eltern, Fragen zu stellen und die Informationsveranstaltung in der kommenden Woche zu besuchen. Die Eltern teilen den Link zu dem Video mit anderen Eltern, deren Kinder bald den Führerschein machen werden. Als die Fahrenkamps merken, wie wichtig das Thema ist, empfehlen sie auf ihrer Website weitere Artikel zu dem Thema und verlinken diese. Das nennt man auch »Related Posts«. Related Posts beziehen sich immer auf die eigenen Inhalte.

Related Posts

Dieser Begriff kommt aus dem Englischen (»thematisch verbundene Posts«). Dahinter verbirgt sich das Angebot »Das könnte Sie auch interessieren«. Für das Content-Marketing ist dies ein zentrales Element. Sie setzen dabei interne Links (z. B. innerhalb einer Website); dafür gibt es in den Redaktionssystemen (CMS) praktische »Plug-ins« (voreingebaute kleine Tools).

WIE ERFOLGREICH IST MEINE SEITE GENAU?

Das Thema Erfolgsmessung ist nicht unbedingt ein Texter-Thema;
der Vollständigkeit halber seien hier jedoch Werkzeuge (Tools) genannt, die Ihnen dabei helfen, das Userverhalten auf Ihrer Seite zu verstehen: Woher kommen meine Besucherinnen, mit welchen Devices (Geräten) erfolgen die Zugriffe, welche Artikel funktionieren gut, wo steigen die User ein und wo verlassen sie meine Seite wieder?
Möchten Sie Content-Marketing strategisch umfassend angehen, so empfehlen wir Ihnen, damit eine spezialisierte Agentur zu beauftragen.

Aus der Agenturpraxis

Wir arbeiten mit einer kleinen, feinen Online-Marketing-Agentur zusammen. Glücklicherweise sitzen wir im selben Gebäude, das macht alles noch einfacher.
Der Auftraggeber aus dem Bereich Gartenbau hat von uns eine umfangreiche Textkreation fürs Web erhalten – nun soll das Content-Marketing angegangen werden. Wir fragen unsere Nachbarn im Gewerbehof, erstellen das Briefing und lassen sie auf unseren Auftraggeber los. Diese jungen Leute sind mit der digitalen Welt groß geworden. Wir kennen selbst nicht immer alle Web-Begriffe, mit denen sie jonglieren, und müssen nachfragen. In ihren Augen sind wir Literatinnen (schön wär's), in unseren Augen sind sie die digitale Bohème (finden die gut). – Wie es sich gehört, erstellen sie zunächst ein Konzept; das macht Mia, die durch und durch strukturiert Arbeitende. In Mias Konzept fließt die Essenz aus all den Gedanken, Recherchen und Diskussionen, die für das Projekt nötig sind. Der Auftraggeber möchte eine Content-Marketing-Strategie und keinen kopflos betriebenen Web-Aktionismus. Wir lesen gegen – alles wunderbar. Mias letzter Satz im Konzept gefällt uns besonders gut: »Es geht letztendlich – wie im Gartenbau – ums Seeding.«
Mia schickt das Konzept an den Auftraggeber.
»Alles in Ordnung so weit«, lässt die Seniorchefin nach einer Woche vernehmen, »Sie können loslegen. Aber Sie müssen eines wissen: Wir handeln mit Pflanzen, nicht mit Saatgut.«

Links

Dieses sind die beiden handfesten, einfach zu bedienenden Tools, die wir zur Erfolgsmessung empfehlen. Wie sie in die Website eingebaut werden? Fragen Sie einen Web-Profi. Kümmern Sie sich selbst ums Schreiben. Wir wissen, wovon wir sprechen.
Das Analyse-Tool von Google: analytics.google.com/analytics/
Die »Search Console« von Google: google.com/webmasters/tools/

Kapitel 21

Rebellion versus Konvention

Fast alle, die Texte fürs Web verfassen, kämpfen mit dem Spagat zwischen guter Schreibe und SEO-tauglichen Formulierungen. Dieser Konflikt wird sich in den nächsten Jahren immer weiter abschwächen, da die Arbeit der Suchmaschinen immer stärker auf künstlicher Intelligenz basieren wird. Bis es so weit ist, dass die Suchroboter Ironie, Redewendungen und Wortzusammenstellungen mit literarischem Anspruch erkennen, begnügen Sie sich damit, den Empfehlungen dieses Tatgebers zu folgen. Seien Sie zudem immer bemüht, den richtigen Ton zu treffen. Wie ein Text klingt, welche Stimmung er bei der Leserin erzeugt – das liegt jenseits von SEO und Co. Am Schluss dieses Tatgebers ermutige ich Sie, auch Pfade jenseits der Konvention zu beschreiten. Das wird Ihnen gut in jenen Kanälen gelingen, die eher als subjektive Medien angesehen werden: in Blogs und in sozialen Netzwerken.

Aus einem schlechten Drehbuch kann man keinen guten Film machen. Dieses Prinzip gilt auch für Ihren Webauftritt: Eine schlechte Seite kann man nicht nach oben ranken. Das ist doch irgendwie beruhigend, oder?

WERDEN WIR ALLE BLÖDER?

(Das ist eine rebellische Zwischenüberschrift.) Die Frage ist ganz spannend: Vieles wird heute in einem informelleren Ton geschrieben als früher, auch in gedruckten Medien, insbesondere jedoch im Web. Der Wortschatz hat sich verkleinert, die Sätze sind kürzer geworden, der Satzbau weniger kompliziert. Einige Stilelemente der Sprache empfinden wir heute als altmodisch und blumig; sie sind einer schlichteren Sprache gewichen, die gleichzeitig für mehr Menschen verständlich ist. Heißt das, dass wir alle dümmer geworden sind? – Natürlich nicht. Wir kommunizieren schneller als früher – also brauchen wir auch mehr Klarheit. Durch das Web wird Wissen zudem einer viel größeren Gruppe von Menschen zugänglich gemacht, als dies bisher der Fall war. Das Informationsprivileg aus alten Zeiten ist aufgehoben. Jede kann sich heute überall im Web über alles informieren. Wir finden: Das Web ist ein demokratisches Medium, das wir mit guter Sprache bereichern können, ohne dabei zu kompliziert oder zu platt zu kommunizieren. Wir werden also alle schlauer, nicht blöder. Kulturpessimisten lesen am besten das Kapitel »Die Folgen der Internetkommunikation« von Dürscheid/Frick in »Schreiben digital« und dürften erleichtert aufatmen. Wir Nutzerinnen, ja, auch die Jugend, wissen gut zu trennen zwischen Web-Kommunikation und konventionellem Schreiben. »So gibt es empirische Untersuchungen, die gezeigt haben, dass es keine Wechselwirkung zwischen dem ›Freizeitschreiben‹ im Internet und dem Schreiben in normgebundenen Kontexten (z. B. in der Schule, am Arbeitsplatz) gibt.« (Dürscheid/Frick, Seite 113)

Beispiel 1 Der Master-Sommelier Hendrik Thoma betreibt den Weinshop und Blog »Wein am Limit« – schon die Namensgebung ist Programm. Die Art und Weise, wie er über Wein schreibt und spricht, hat nichts mit dem gediegenen Vokabular konservativer Weinliebhaber zu tun. Er trifft mit großer Sicherheit den Ton der weininteressierten jüngeren Leute, ohne jedoch ältere zu vergrätzen. Gleichzeitig achtet er darauf, die passenden Keywords zu benutzen. Hier porträtiert er auf witzig-freche Weise einen seiner Lieblingswinzer:

DOMAINE CAUSSE MARINE
Virginie Maignien und Patrice Lescarret gehören zu den frechsten und undogmatischsten Winzern in unserem Programm. Alles, was Sie von sich geben, hat Witz und ist dabei so tiefsinnig scharf und treffend formuliert, daß es so manchem konventionellen Weinerzeuger Schamesröte ins Gesicht treibt, wenn er Ihre Statements hören oder lesen würde. Ein legendäres Zitat: »Man kann auch ohne lange Haare organischen Weinbau betreiben, braucht nicht zu kiffen oder nach Kuhmist riechen!«
(Quelle: https://www.weinamlimit.de/winzer/domaine-causse-marine/)

Beispiel 2 Drei junge Gründerinnen bauen eine kleine Autovermietung auf dem Land auf. Sie wissen, dass die Carsharing-Angebote aus den Großstädten in der Provinz nicht vertreten sind und die Skepsis gegenüber dem Gedanken, sich ein Auto zu teilen, hier auf dem Land weitverbreitet ist. Gleichzeitig kann sich nicht jeder ein Auto leisten, vor allem junge Menschen nicht. Sie verleihen mit ihrem neuen Service preiswerte Kleinwagen und packen ihre ganze Gründerrebellion in die Beschreibung der Fahrzeuge. (Natürlich gibt es zu jedem Bild einen keywordrelevanten Info-Block, in dem die Daten der Fahrzeuge etc. zusammengefasst werden.)

Deine Großeltern hätten Knutschkugel zu so was gesagt – für dich plus 1 genau richtig, um rechtzeitig ins Cinemaxx zu kommen.

Lass es krachen, Spritztour machen. Ein Hingucker auf jeder Brandenburger Allee.

Das habt ihr jetzt davon. Die Liebe bleibt nicht folgenlos. Baby- und Kindersitze findet ihr im Kofferraum. Und für eure IKEA-Einkäufe ist auch noch Platz.

Links

Diese Beispiele meistern den Grat zwischen Rebellion und Konvention:
weinamlimit.de
femtastics.com
missy-magazine.de

WIE VIEL REBELLION IST AUTHENTISCH?

Die eigene Einschätzung wandelt sich im Laufe der Zeit. Ich dachte noch vor einigen Jahren, dass auf Krawall gebürstete Anzeigen und Kampagnen, die mit vulgären Wörtern arbeiten, niemals funktionieren würden. »Deine Eltern werden kotzen!« hieß es Ende der 90er-Jahre in einer Kampagne eines Radiosenders. Damit wagte sich das Marketing auf neues Gebiet. Mittlerweile gibt es zahlreiche Kampagnen, die sich der Vulgärsprache bedienen – und sie sind erfolgreich. Die Zielgruppe wird durch solche Wörter nicht abgeschreckt, wie ich vermutet hatte, sondern im Gegenteil, sie fühlt sich in ihrer inneren Haltung bestätigt. »Endlich spricht das mal jemand aus!«, mag die innere Stimme der Zielgruppe, junge Menschen bis Mitte 20, zu der Werbung für den Sender gesagt haben. Es lohnt sich, bei erfolgreichen Kampagnen genau hinzusehen und für sich zu analysieren, warum sie funktionieren. Daraus lässt sich viel für Ihr eigenes Marketing ableiten – natürlich nur, solange es den eigenen Werten entspricht. Außerdem müssen Sie sich mit den Wörtern, die Sie benutzen, wohlfühlen. Genau wie mit Ihren Produkten. Gefallen Ihnen die Produkte, die Sie verkaufen wollen, selbst nicht, geht es nicht. Da haben wir es wieder: das Thema Authentizität (↗ Kapitel 3).

Beispiel Dieser Betrieb ging während der Aufbauphase authentisch mit den eigenen Nachteilen um, die nicht zu leugnen waren. Er widmete ihnen einen ganzen Menüpunkt »Unsere Schwächen« und brach mit der Konvention, dass Negatives nicht benannt werden sollte. Mehr davon, bitte!

Kein Lift: don't worry, walk
Die schlechte Nachricht zuerst? Wir haben keine Fahrstühle in unserem Hotel in Bad Belzig. Die gute Nachricht: Es ist nur eine Etage zu den Zimmern im Obergeschoss. Außerdem halten wir Ihnen gerne ein Zimmer im Erdgeschoss frei, wenn Sie uns Ihren Wunsch vorab verraten.
(Quelle: paulinenhof.de)

Abweichen von der Norm

So lautet der Titel einer Zusammenschau von Text und Bild, publiziert von Werner Gaede, der in Berlin verbale Kommunikation und verbale Gestaltung lehrte. Gaede zeigt anhand zahlreicher, unterhaltsamer Beispiele, wie kreative Formulierungen entstehen, nämlich durch das Abweichen vom normativen Sprachgebrauch. Aber auch für den Regelbruch gibt es Regeln (Gaede, Seite 187 ff.). Sie bewegen sich beim Schreiben, ob fürs Web oder für Printprodukte, stets in diesem Spannungsfeld: Die Leserinnen (im Web auch die Suchmaschinen!) müssen das verstehen, was Sie schreiben. Gleichzeitig wollen Sie die Aufmerksamkeit der Lesenden, wollen sie überraschen. Der Text muss die Bedingungen des Mediums erfüllen, in dem er publiziert wird. Wir suchen selbst noch nach der Superformel, die einem auf Anhieb die unvergleichliche Textkreation generiert. Hilfreich ist es, sich gute Vorbilder anzuschauen, die Werner Gaede reichlich in »Abweichen von der Norm« präsentiert. Und gut ist es auch, die Wahrnehmung und Gedankenläufe geschmeidig zu halten. – Was hält uns in der Agentur fit? Einmal im Quartal unternehmen wir gemeinsam etwas jenseits des Agentur-Alltags: eine Fotografie-Ausstellung besuchen, einen Siebdruckkurs absolvieren, einer Künstlerin einen Besuch in ihrem Atelier abstatten.
Was können Sie tun? Schauen Sie sich bewusst viele Seiten im Web an. Abonnieren Sie viele Newsletter. Nutzen Sie die Informationsangebote aus dem Web, z. B. White Paper. Lesen Sie viel. Seien Sie aufmerksam. Probieren Sie aus, seien Sie neugierig, und vor allem: Schreiben Sie, schreiben Sie!

Aus der Agenturpraxis

Tarotkarten, Kaffeesatz, Pendel. Wir sind nicht begeistert. Der Auftraggeber braucht Texte für sein Portal, auf dem sich Astrologie-Beraterinnen tummeln. Henriette soll die Texte schreiben. Sie kennt als Einzige sowohl ihr Sternzeichen als auch ihren Aszendenten. Und ihr chinesisches Sternzeichen weiß sie auch.

»Das ist Zufall«, beteuert sie, »ich habe mit Astrologie nichts am Hut.«

Zu spät, Henriette muss ran. Sie verzieht sich für die nächsten vier Tage in ihr Homeoffice. Zum Glück arbeiten wir alle dezentral über unseren Server zusammen, sodass Menschen, die gut von zu Hause aus arbeiten können, dort ihren Frieden finden, Mütter und Väter bei ihren kranken Kindern bleiben können, sogar Stimmungsschwankungen können wir dadurch gut abfedern.

Henriette meldet sich über unseren internen Chat:

»Leute, ich pack das nicht. Das ist mir zu eso.«

»Du bist doch eso, wo ist das Problem?«, kommt es von unserem Quereinsteiger Holger, Drehbuchautor und Regisseur, zurück.

»Ey, Alter, ich habe es nicht mit Jenseitskontakten und so.«

Holger: »Das ist doch spannend! Warum wollen die Leute Kontakt zum Jenseits? Schuld? Hoffnung? Liebe? Vergeltung?«

»Holger, mach mal halblang, wir sind hier nicht in einer Soap.«

»Soap ist das Leben.«

So geht das im Chat hin und her – und ich merke: Holger sollte das lieber texten. Der kann sich perfekt in die Klientel hineinversetzen.

Holger übernimmt. Henriette ist erleichtert und wird nie wieder Kaffee trinken, in dem Satz übrig bleibt. Holger taucht für weitere zehn Tage im astrologischen Nirvana ab. Er schreibt zu jeder Kategorie Texte, die selbst uns weich werden lassen. Der Auftraggeber ist hingerissen.

Holger kommt nach Abschluss des Projekts in mein Büro.

»Ich habe jetzt ein neues Projekt. Ist ein Kurzfilm. Geliebte und Ehefrau. Sie töten ihren gemeinsamen Liebhaber. Die eine hat sich durch Engelenergien stärken lassen, die andere hat ein Coaching zur Hellfühligkeit gemacht. Das wird sensationell.« Ich schaue Holger scharf an. »Hallo?! War'n Scherz. Ich habe nur meinen Geist und meine Seele geöffnet. Ich lege dir jetzt Lenormandkarten – und ich kenne bereits das Ergebnis: Wir bekommen ab sofort 10 % mehr für alle Jobs, die mit Astrologie zu tun haben!«

Anhang

Lieber weniger lesen, dafür die richtigen Bücher. Lieber mehr schreiben!

LITERATURVERZEICHNIS

Die muss ich alle lesen? – Nein, bloß nicht. Diese Sammlung ist eine Zusammenschau von Literatur zum Thema Texten (fürs Web). Wichtig finde ich nur drei Bücher, und diese führe ich hier gesondert auf. Denn sollten Sie für das Thema Web-Texte brennen, lohnt sich ihre Anschaffung:

1. Ihnen gehen die Wörter aus:
   Dornseiff, Franz: Der deutsche Wortschatz nach Sachgruppen. Berlin 2004. (E-Book)
2. Der User bleibt Ihnen ein Rätsel:
   Krug, Steve: Don't make me think! Web & Mobile Usability – das intuitive Web. Frechen 2014.
3. Sie möchten Ihre kreative Kompetenz steigern:
   Gaede, Werner: Abweichen von der Norm. Enzyklopädie kreativer Werbung. München 2002.

Die folgenden Titel werden im Tatgeber erwähnt oder sie haben zu den im Buch behandelten Inhalten hilfreiches Wissen beigesteuert. Sie eignen sich für Interessierte zur weiterführenden Lektüre. Sie sind jedoch keine zwingende Voraussetzung, um gute Web-Texte zu verfassen.

Bly, Robert W.: The copywriter's handbook. A step-by-step guide to writing copy that sells. New York 2005.

Carrière, Jean-Claude: Über das Geschichtenerzählen. Berlin 1999.

Dornseiff, Franz: Der deutsche Wortschatz nach Sachgruppen. Berlin 2004.

Duden Band 1, Die deutsche Rechtschreibung. Berlin 2020.

Duden, Handbuch geschlechtergerechte Sprache. Berlin 2020.

Duden Ratgeber. Geschäftskompetenz. Professionelle Briefe und E-Mails schreiben. Berlin 2014. (Seite 10–40 zum Thema »Verständlich formulieren«)

Duden Ratgeber. Ja wie denn nun? Sprachliche Zweifelsfälle und ihre Lösung. Für Texter, Journalisten und Blogger. Berlin 2017.

Dürscheid, Christa und Karina Frick: Schreiben digital. Wie das Internet unsere Alltagskommunikation verändert. Stuttgart 2016.

Fuchs, Werner T.: Warum das Gehirn Geschichten liebt. Mit den Erkenntnissen der Neurowissenschaften zu zielgruppenorientiertem Marketing. München 2009.

Gaede, Werner: Abweichen von der Norm. Enzyklopädie kreativer Werbung. München 2002.

Hart, Jack: A writer's coach. The complete guide to writing strategies that work. New York 2007.

Kast, Bas: Und plötzlich macht es Klick. Das Handwerk der Kreativität oder wie die guten Ideen in den Kopf kommen. Frankfurt/M. 2015.

King, Stephen: Das Leben und das Schreiben. New York 2000.

Krug, Steve: Don't make me think! Web & Mobile Usability – das intuitive Web. Frechen 2014.

Markschies, Christoph und Ernst Osterkamp (Hrsg.): Vademekum der Inspirationsmittel. Göttingen 2012.

Meimberg, Florian: Auf die Länge kommt es an. TINY TALES. Sehr kurze Geschichten. Frankfurt/M. 2014.

Montague, Ty: True Story. How to Combine Story and Action to Transform Your Business. Boston 2013.

Ogilvy, David: Geständnisse eines Werbemannes. Düsseldorf 2000.

Price, Jonathan/Price, Lisa: Hot text. Web writing that works. Indianapolis, IN 2002.

Pyczak, Thomas: Tell me! Wie Sie mit Storytelling überzeugen. Bonn 2019.

Redish, Janice: Letting Go of the Words. Writing Web Content that Works. San Francisco 2007.

Reins, Armin und Veronika Classen, Géza Czopf: Text sells. Wie Sie Texte schreiben, die wirken. Mainz 2015.

Schmieder, Jürgen: Wir sind Helden. In: Wings, Nr. 34, Juli/August 2016. Hrsg.: Eurowings GmbH

Schramm, Stefanie und Claudia Wüstenhagen: Das Alphabet des Denkens. Wie Sprache unsere Gedanken und Gefühle prägt. Reinbek bei Hamburg 2015.

Spies, Marco: Branded Interactions. Digitale Markenerlebnisse planen und gestalten. Mainz 2014.

Stein, Sol: Über das Schreiben. Frankfurt/M. 1997.

Wheeler, Alina: Designing Brand Identity. Hoboken, New Jersey 2018.

Yifrah, Kinneret: UX Writing & Microcopy. Bonn 2020.

Zahrnt, Valentin: Schneller, besser, kürzer: professionell Schreiben. Berlin 2013.

REGISTER

E

F

G

H

I

J

K

L

M

T

U

V

W

X

Z

VITA

Petra van Laak macht sich stark für eine prägnante, klare und offene Sprache zwischen Unternehmen und ihren Kunden. Mit ihrer Agentur für Unternehmenskommunikation, Schwerpunkt Text, begleitet sie seit 2008 Unternehmen auf ihrem Weg zu einer frischen und wirksamen Kundenansprache in Print und Web. Als Dozentin gibt sie zahlreiche Seminare rund um das Thema Text und versteht es dabei, komplexe Sachverhalte einfach zu erklären. Sie ist zudem eine gefragte Vortragsrednerin und Autorin des Bestsellers »1 Frau, 4 Kinder, 0 Euro (fast)«. Sie gewann zweimal den SWISS TEXT AWARD (2010 und 2013) und ist Gewinnerin des Literarischen Wettbewerbs des Waldorf Astoria Berlin 2014. Sie wurde als »Solo-Unternehmerin des Landes Brandenburg 2014« und als »Vorbild-Unternehmerin« im Rahmen der Initiative FrauenUnternehmen des BMWi ausgezeichnet.

Mehr über Petra van Laak unter: petravanlaak.de
Website der Agentur Text: van Laak: text-vanlaak.de